梨套袋栽培配套技术问答

主　编
王少敏

副主编
赵　峰　张　勇　王宏伟

编著者
劳建中　吴宏伟　王少敏
赵　峰　张　勇　王宏伟
王淑贞　王忠友

金盾出版社

内 容 提 要

本书由山东省农业科学院果树专家编著。内容包括：套袋栽培概况，梨套袋栽培生产存在的问题，套袋对梨果实品质的影响，梨优良品种及生长结果特性，梨栽培区划与选址建园，梨套袋管理技术，土肥水管理技术，整形修剪技术，梨的病虫害防治，梨果采收与包装。该书内容丰富，技术先进，通俗易懂，易于操作。可供梨栽培者生产参考。

图书在版编目(CIP)数据

梨套袋栽培配套技术问答/王少敏主编．—北京：金盾出版社，2009．6

ISBN 978-7-5082-5760-0

Ⅰ．梨… Ⅱ．王… Ⅲ．梨—梨树园艺—问答 Ⅳ．S661．2-44

中国版本图书馆 CIP 数据核字(2009)第 089963 号

金盾出版社出版、总发行

北京太平路 5 号(地铁万寿路站往南)

邮政编码：100036 电话：68214039 83219215

传真：68276683 网址：www.jdcbs.cn

封面印刷：北京凌奇印刷有限责任公司

正文印刷：双峰印刷装订有限公司

装订：双峰印刷装订有限公司

各地新华书店经销

开本：850×1168 1/32 印张：5．375 字数：133 千字

2012 年 4 月第 1 版第 11 次印刷

印数：213 001～223 000 册 定价：9．00 元

目　录

第一章　梨果套袋栽培概况

1. 国外梨果套袋生产概况如何？

梨套袋栽培始于日本。1897 年，有果农首先在梨和桃上套上报纸袋防治桃小食心虫为害，意外发现了在改善果实品质方面的独特效果。二十世纪梨的发现者松户觉之助 1906 年所著《梨树栽培新书》一书中介绍了柿漆涂布报纸袋的制作方法及套袋的时期、方法，并且指出套报纸袋对防虫十分有效但会使糖度降低，果皮色泽变淡但耐贮性增强等。继二十世纪梨之后，其他品种的果树也相继实行了套袋，并且展开了针对不同品种果实袋的开发工作，1924 年开发出蜡纸袋。1929 年，《梨黑星病的研究》一书介绍了用明矾、柿漆、苏子油及升汞水处理蜡纸、报纸的方法。由于套袋的普及，出现了入袋害虫，最初采取袋口加农药棉球进行防治，从 20 世纪 30 年代开始研究涂布农药的果实袋，50 年代开发出梨防虫果实袋。1966 年米山宽一所著《二十世纪梨果实套袋研究》一书论述了果实袋内的物理条件及其对果实品质的影响，从此确立了果实套袋技术的完整体系。

目前，日本梨果实袋的研制、生产及有袋栽培技术体系更加完善，成为高档梨果生产的重要措施。由于套袋后果实风味下降且成本高，50 年代随着新农药的研制和动力喷雾机械的普及，开始提倡无袋栽培，到现在形成了梨果的有袋栽培和无袋栽培并存的局面。目前，由于套袋能极大地改善果实外观品质，其他技术措施很难替代。

韩国各地区等都实行了梨果套袋技术。欧美一些栽植西洋梨的地区也开始仿效日本，但仅处于试验阶段，西洋梨套袋还未受到普遍重视。

2. 国内梨果套袋生产概况如何？

我国自20世纪50年代初期就开始对梨果套袋。1962年，为满足鸭梨外销的需要，在鸭梨主产区掀起了大面积套袋的热潮。当时用的纸袋主要是人工糊制的报纸袋，不具有杀虫和防菌效果，害虫入袋为害比较严重。后为防治入袋害虫采取了袋口加农药棉球的方法，采用的农药主要是药效较长的氯制剂，后因我国禁用这种农药以及其他方面的原因，梨果套袋基本停滞。80年代中期以后，随着经济的迅猛发展，梨果外销量增加，为满足外销和国内对梨果日益高档化的需求，套袋重新兴起。80年代初引进了日本的梨防虫、防菌果实袋，但由于价格高，数量少，远远不能满足生产需求。

梨果套袋面积最大的是河北省的鸭梨产区。1991年，河北省农林科学院石家庄果树研究所研制出针对我国入袋害虫——梨黄粉虫、康氏粉蚧的防虫果实袋，并定型生产。随着套袋的推广普及，对果袋的需求量也越来越大，各地纷纷展开了对梨果实袋的研制和生产工作。但纸袋的质量良莠不齐，仿制袋占相当大的比重，距法制化、规范化生产还有相当大的距离。国产袋应用较多的是河北、山东、辽宁、陕西、甘肃、河南、天津、北京等地，山东、辽宁、陕西等地还从日本、韩国进口大量果袋。

目前，虽然我国梨果生产面积和产量均占世界第一位，但套袋栽培面积占的比重还比较小。同时由于经济发展水平及果农技术素质等多方面的原因，我国的梨套袋栽培与日、韩相比显得较为落后，从某种程度上讲仍处于初级阶段。但是，我国劳动力资源丰富，随着国内外对梨果质量要求的不断提高，梨果套袋已成为生产高档梨果、增加出口创汇和满足国内对高档梨果需求的重要技术措施之一。

3. 如何确定纸袋质量？

纸袋质量的优劣主要体现在纸袋的遮光性、防水性和透气性等几个方面。

(1)遮光性 选一纸袋，套在白炽灯泡上，观察灯光穿透纸袋的情况。若灯光穿透性差，则说明纸袋遮光性好。

(2)防水性 用水浇注纸袋，若水在纸袋上形成水珠滚动，这表明纸袋吸水性差，防水性好；若水在纸袋上弥散，表明纸袋防水性较差。纸袋的防水性可决定纸袋耐雨水冲刷的强度和纸袋的使用寿命，也影响到腐生菌或弱寄生菌对果实的侵染。纸袋的防水性往往与纸质的好坏有直接的关系，纸质的鉴别主要有以下几种方法。

①撕裂法 横撕纸袋，有毛茬的为木浆纸，强度高；若撕裂口整齐没有毛茬，则为草浆纸或木浆成分少，强度低。

②火烧法 火烧后，纸灰成形不散碎的，纸质好；纸灰碎而不成形的，纸质差。

③手搓法 把纸袋浸泡在水中一段时间，取出后用两手对搓，不起毛或耐搓的纸质好。

(3)透气性 把纸袋密封在盛满开水的杯口上，纸面冒气的，表明纸袋通透性好。纸袋的透气性，不同程度地影响着果实的病害发生和果面的光洁度。另外，纸袋的规格、铁丝的牢固程度以及黏合处的黏合程度等也是决定纸袋质量的重要因素。

4. 套袋时应注意哪些问题？

(1)纸袋选择 梨套纸袋的选择应根据园内树体长势状况、生产目标、经济能力合理选择。由于梨以提高果面光洁度为主要目的，因此可选用成本较低的单层袋；以提高梨果内在质量为目的的，可选用内袋为黑色的双层袋。

(2)套袋时期 梨在5月上、中旬疏果结束后套袋；套袋应在晴天上午9：00～11：00和下午2：00～6：00进行。

(3)套袋方法 套袋前将整捆果袋放于潮湿处，使之返潮、柔韧；选定幼果后，小心地除去附着在幼果上的花瓣及其他杂物，左手托住纸袋，右手撑开袋口，或用嘴吹开袋口，手执袋口下2～3厘米处，袋口向上或向下，套入果实。套上果实后使果柄置于袋的开口基部(勿将叶片装入袋子内)，然后从袋口两侧依次按"折扇"方式折叠袋口于切口处，将捆扎丝扎紧袋口，于线口上方从连接点处撕开将捆扎丝返转90°，沿袋口旋转一周扎紧，使幼果处于袋体中央，不要将捆扎丝缠在果柄上。套袋时用力方向要始终向上，用力宜轻，尽量不触碰幼果，袋口也要扎紧。另外，树冠上部及骨干枝背上裸露果实应少套，以避免日灼病的发生。套袋顺序为先上后下、先里后外。每667平方米梨园平均套袋数量为1.2～1.5万个左右。梨采收前不去袋。

5. 套袋梨果注意哪些病害？

套袋对病虫害发生具有双重影响。一方面，纸袋通过物理隔绝和化学防除作用可极大地减轻一般的病虫害如裂果、轮纹病、黑星病、黑斑病、炭疽病以及梨食心虫类、蛀果蛾、吸果夜蛾、梨虎、椿象、鸟类、金龟子和蜂等果实虫害，防虫果实袋还具有防治梨黄粉虫、康氏粉蚧等入袋害虫的作用。套在袋内的果实由于不直接与农药接触，加之喷药次数的减少，果实农药残留量较不套袋果大大降低。另一方面，纸袋提供的微域环境加重具有喜温、趋湿、喜阴习性的害虫及某些病害的发生。容易发生的虫害主要有黄粉虫、康氏粉蚧、梨木虱及象甲类害虫等，容易发生的病害可分生理性、病菌性、物理性三大类。生理性病害有缺钙症和缺硼症，发生率可高出不套袋果园1倍多；病菌性病害形成果面黑点(斑)甚至腐烂；

物理性病害有日灼、蜡害、虎皮等，发生程度决定于果袋质量和天气状况。

梨的裂果通常发生在果实生长发育的后期，表皮层细胞分生能力减弱，果实内部增大而果皮不适应，导致果皮开裂，发生裂果。套袋可显著预防或减轻梨的裂果现象。据刘建福等研究，南方地区早酥梨套袋后裂果率为 7.5%，而不套袋果裂果率高达 63.41%，而且套袋后裂口长度短、深度浅，裂果指数小。分析认为，套袋防止裂果的原因主要是袋内相对稳定的微域环境，防止或减轻了果皮所受的不良环境条件刺激，同时套袋果实内钾元素显著增加，有助于调节细胞水分，从而防止裂果。

黑点病多由病原菌侵染引起的，高温、高湿是主要的致病因素，透气性好的纸袋发病轻。除病原菌外，梨木虱、黄粉虫、黑星病、黑斑病危害以及药害等也可造成黑点(斑)。套袋后，纸袋内温度高于外界 20.3%～50.7%，高温干旱引起果实异常高温，超过果实自身温度调节限度或内袋蜡化，导致日灼和蜡害。通透性不良的纸袋袋内温、湿度较高，果皮蜡质层和角质层被破坏，皮层裸露木栓化形成浅褐色至深褐色的水锈和虎皮果。

6. 套袋梨果注意哪些虫害？

梨果套袋可显著提高梨果质量，且避免了药剂与果实的直接接触，也就避免了幼果对药剂的吸收。但梨果套袋在保护果实的同时，也为喜阴的害虫提供了良好的栖息场所，加重了少数害虫的发生。套袋后易发生的虫害主要是黄粉虫、梨木虱和康氏粉蚧等。黄粉虫最适宜在阴湿环境繁殖和生活。以若虫和成虫进入袋内，直接在扎口处为害肩部，受害处初呈褐色圆形或月牙形小斑点，随后腐烂，严重时造成落果；梨木虱可隔袋为害或入袋为害。隔袋为害是梨木虱分泌的黏液从纸袋外渗入，侵蚀果面，形成黑色或褐色斑点；入袋为害则是用刺吸式口器刺进果实吸取汁液受害处形成内圈深褐色、外圈浅褐色和大小不等的斑点。据调查套袋梨园袋内黄粉虫等发生率第一年为 0.2%，2～3 年为 12%～14%，4～6 年为 23%～24%，7～8 年为 80%～90%，因此要逐年加强对这些害虫的防治。

7. 如何提高套袋梨果的含糖量？

(1)不同品种、不同情况区别对待 据调查和测定，黄金梨的套袋梨与非套袋梨果实风味及可溶性固形物含量基本无差距，适合套袋；而鸭梨的差距明显。所以，鸭梨不一定必须全部实行果实套袋，为提高其外观品质可以采用非栽培措施，如采摘后的加工、处理。

(2)采取各种技术措施 调整树体结构，改善光照条件；疏花疏果，合理负载；秋季足量施用有机肥，控制氮肥使用量，适当增施磷钾肥；成熟期要控肥、控水；科学防治病虫害等。

第二章 套袋对梨果实品质的影响

8. 梨果套袋机制是什么?

梨果套袋后改变了果实所处的微域环境(如光照、温度和湿度等),从而对梨果实发育和品质形成产生了全方位的影响。另外,由于纸袋的保护,减少了果实所受的意外伤害,提高等级果率。因此,套袋一方面大幅度提高果实的商品质量,另一方面大大提高果实的等级果率。套袋对与梨果实品质形成有关的果点、锈斑的产生,果皮色素的形成、含量和比例状况,糖酸含量等都产生重要影响。

梨果果点和锈斑是由于果实酚类物质的代谢而形成的。套袋后遮去了大部分光线,避免了外界不良环境条件对果皮的直接刺激,从而显著降低了酚类物质代谢的关键酶多酚氧化酶(PPO)和过氧化物酶(POD)的活性,因此套袋果与不套袋果相比,其果点和锈斑显著减少。果皮叶绿素的合成必须有光存在,套袋遮光后叶绿素合成大大减少,对于赤梨品种而言改变了红色的显色背景,有利于红色的显现。

另外,套袋果果皮发育均匀和缓,果皮结构均匀一致,无大的裂隙,气孔完好,贮藏过程中失水减少,也有利于及时排出果实代谢过程中产生的有害气体,增强了果实的耐贮性能。但是,套袋对梨果碳水化合物的积累不利,根据纸袋的质量不同,可溶性固形物一般下降 0.5%~1%。其原因可能与多种因素有关:一是与果皮本身的光合作用有关;二是套袋后果实所受逆境减弱,果实积累糖分下降;三是套袋可能抑制了光合产物向果实内的运输。对果实品质影响最大的是果袋的透光率和透光光谱,纸袋遮光性越强,套袋果果皮色泽越浅，果点和锈斑越浅、小且少，即套袋效果越显著。

9. 套袋对果面、果点和果锈有什么影响？

套袋可减少果点、锈斑形成，使果面光洁。套袋后果实所处微域环境（温、湿度等）相对稳定，延缓了表皮细胞、角质层和胞壁纤维的老化，果皮发育稳定、和缓，果皮变薄但具有较大的韧性，不易破裂，表皮层细胞排列更加紧密，同时蜡质层变厚，角质层变薄但均匀一致，基本不进入表皮细胞间。梨果点、锈斑、角质层、皮孔、木栓层、木栓形成层和栓内层等的形成与果实酚类物质代谢密切相关，套袋后抑制了酚类物质合成的关键酶的活性，木质素合成减少，木栓形成层的发生及活动受到抑制，延缓和抑制了果点和锈斑的形成，果点覆盖值减小，果点变小、变浅，但不改变果点密度；锈斑面积明显减小，色泽变浅。

不同纸袋的种类对改善果点、果色外观品质的效果有着显著不同，但对单果重与果形指数影响很小。套袋对梨果皮结构影响的效果与纸袋遮光程度及套袋时期有关，遮光性越强、套袋越早效果越明显。同时，果实幼果期套上纸袋后长期保护在袋内生长，避免了风、雨、强光、农药、灰尘等对果面的刺激，减少了果面枝叶磨斑、煤污斑和药斑，因此套袋果果面光滑洁净。减少果皮叶绿素形成，果面颜色美观。

10. 套袋对果实着色有什么影响？

梨果皮色素主要有叶绿素、类胡萝卜素、花色苷（红皮梨）等。各种色素的种类、比例、含量、分布状况和相互间的作用等形成不同的“色相”和“色调”。梨果套袋后减少了叶绿素的生成，青皮梨套袋后果面呈淡黄白色至浅黄绿色，贮藏后呈鲜黄色，色泽淡雅。褐皮梨套袋后果面色泽由黑褐色转为浅褐色或红褐色。红皮梨套袋后增加了光敏色素含量，降低了叶绿素含量，摘袋后梨果着色迅速，同时改善了花色苷的显色背景，套袋梨果呈鲜红色。对需着色的品种可提前摘袋，利用摘叶、转果和铺设反光膜等技术促使果实着色。

11. 套袋对酚类物质及相关酶有什么影响？

某些梨品种如莱阳茌梨、鸭梨等在低温贮藏过程中易造成果心和果肉的组织褐变。大量研究表明，这与果实中的简单酚类物质含量有关，在PPO的催化下酚类物质氧化为醌，醌可以通过聚合作用产生有色物质从而引起组织褐变。套袋后果实简单酚类物质及PPO含量均下降，从而减轻了贮藏过程中组织的褐变现象。申连长等观察到套袋鸭梨在贮藏过程中具有较强的抗急冷能力。张玉星等报道套袋后，鸭梨果皮和果肉的脂氧合酶（LOX）活性显著降低，并认为这可能是套袋鸭梨较耐贮藏的原因之一。但黄新忠等在黄花梨、杭青梨和新世纪梨上的套袋试验表明，套袋果果皮受机械伤后，果肉、果心极易发生褐变现象。

12. 套袋如何提高果实的贮藏性？

果皮结构对果实贮藏性能有重要影响。果实散失水分主要通过皮孔和角质层裂缝，而角质层则是气体交换的主要通道。角质层过厚则果实气体交换不良，二氧化碳、乙醛、乙醇等积累而发生褐变；过薄则果实代谢旺盛，抗病性下降。张华云等也认为，具封闭型皮孔的梨品种贮藏过程中失重率较低，而具开放型皮孔的梨失重率较高，且失重率与皮孔覆盖值呈极显著正相关，过厚的角质层和过小的胞间隙率，可能是莱阳茌梨和鸭梨果心易褐变的内在因素之一。套袋后皮孔覆盖率降低，角质层分布均匀一致，果实不易失水、褐变，果实硬度增加，淀粉比率高；贮藏过程中，呼吸后熟缓慢，同时套袋减少了病虫侵染，贮藏病害也相应减少，显著提高了果实的贮藏性能。

果实套袋避免了病、虫侵入，减少果实表面的病菌、虫卵数量，大大减轻了轮纹病、黑星病和黑斑病等贮藏期病害的发生。梨果可带袋采收，这样就减少了机械伤，同时由于果面洁净，带入箱内、库内的杂菌数量也相应减少，这也是贮藏期病害少的原因之一。有试验表明，套袋鸭梨入库后急剧降温的情况下，前期黑心病的发病几率明显低于不套袋果。另外，套袋果失水少，不皱皮，淀粉比率高，呼吸后熟缓慢，因此成为气调冷藏的首选果实。

13. 套袋对果实食用品质有什么影响？

梨果套袋虽然可显著改善果实外观品质和贮藏性能，但不利于果实中碳水化合物的积累，表现为果实中可溶性固形物、可溶性糖、维生素 C 和酯类物质的下降，高密度袋、遮光性越强的纸袋下降幅度越大。但鸭梨烷类和醇类物质含量增加，可滴定酸含量也有增加的趋势。套袋降低了果皮叶绿素的含量，而果皮叶绿素光合作用制造的光合产物可直接贮存在果实中。辛贺明等观察到，鸭梨套袋后果实温度增高，诱导了 POD 活性的提高，导致果实呼吸强度升高，果实中光合产物作为呼吸底物被消耗，同时套袋降低了已糖已酶活性，抑制了果实早期淀粉的积累，并认为这可能是套袋后果实碳水化合物降低的原因之一。另外，套袋后果皮变薄，果肉石细胞含量减少，果肉更加细脆，可食部分增加等，也有利于食用品质的提高。

14. 套袋引起的主要病虫害有哪些？

套袋通过物理隔绝和化学防除作用可极大减轻一般性果实病虫害，但套袋也会引起另一部分病虫的危害。如纸袋提供的微域环境可加重具有喜温、趋湿、喜阴习性的害虫及某些病害的发生。容易发生的虫害主要有黄粉虫、康氏粉蚧及象甲类害虫等；容易发生的病害可分为生理性、病菌性、物理性三大类。生理性病害有缺钙症和缺硼症，发生率比不套袋果园高出 1 倍多；病菌性病害形成果面黑点（斑）甚至腐烂；物理性病害有日灼、蜡害、虎皮等，发生程度决定于果袋质量和天气状况。

套在纸袋内的果实由于不直接接触农药，因此果实农药残留量极低，完全能达到生产无公害果品的要求。据测定，不套袋果农药残留量为 0.23 毫克/千克，而套袋果仅为 0.045 毫克/千克。

15. 如何提高套袋果实的商品价值，增加经济效益？

梨果套袋栽培是一项高度集约化、规范化的生产技术。套袋前必须保证幼果授粉受精良好，严格疏花疏果，合理负载，疏掉梢头果、残次果以及多余幼果，按负载量只留最好的果进行套袋。因此，管理水平高的梨园，套袋果基本都能长成完美无缺的商品果。此外，套袋后可防轻微雹害，有利于分期分批采收；在延迟采收的情况下，还可防止鸟类、大金龟子、大蜂等为害果实。

第三章　梨优良品种

16. 主要栽培的地方梨品种有哪些?

(1)鸭梨　原产于河北省。是我国古老梨优良品种。分布较广,为华北地区主栽品种之一。

果实中等大,倒卵圆或短葫芦形,果肩一侧具鸭嘴状突起,平均单果重160～200克;果面平滑,果点小,绿黄色,贮后黄色;果肉白色,肉质细脆,汁液多;可溶性固形物含量11%～13.8%,具香气,石细胞少,品质上等;9月下旬成熟,耐贮性强,一般可贮至翌年2～3月份。

树势中庸,枝条萌芽力中等,成枝力低;幼树结果早,一般3～4年开始结果,以短枝结果为主,丰产稳产。适宜性较强,宜在干燥冷凉地区栽培;抗寒力弱,花芽易受冻;抗病虫能力弱。

(2)茌梨　又名莱阳慈梨,俗称莱阳梨。为我国著名良种,原产于山东茌平,分布北方各省。

果实大型,果个整齐度差;未掐萼者呈卵圆形至纺锤形,掐萼者果实顶部膨大而呈倒卵形、短瓢形;平均单果重250克;果皮绿色,贮后黄绿色,果点大而多,褐色,果面粗糙;果肉白色,极脆嫩;可溶性固形物含量13%～15.3%,味浓甜,具微香,品质极上;9月中下旬成熟,果实贮藏性差。

树势中庸,树冠开张;枝条萌芽力、成枝力中等;开始结果年龄较晚,一般定植后5～6年开始结果,以短枝结果为主,连续结果能力强,腋花芽及中、长果枝结果能力强。抗寒力较弱,抗旱力差,不抗涝。

(3)砀山酥梨 又称酥梨、砀山梨。我国古老梨优良品种之一。原产于安徽砀山，分布华北、西北、黄河故道地区。

果实长圆形，平均单果重260～270克；果皮黄绿色，贮后黄白色，果皮光滑，果点小而密；果肉白色，肉质中粗，酥脆，汁液多，石细胞中多；可溶性固形物含量11%～14%，味甜，具香气，品质上等；9月中下旬成熟，较耐贮藏。

树势中等偏强；枝条萌芽力强、成枝力中等；3～4年开始结果，坐果率高，以短枝结果为主，中、长果枝及腋花芽结果少；果台可抽生1～2个副梢，连续结果能力差，结果部位易外移；较丰产、稳产；适应性强，抗寒力中等，抗旱力强，耐涝性较强，抗黑星病、腐烂病能力较弱，受食心虫和黄粉虫为害较重，对肥水要求较高。

(4)雪花梨 雪花梨为白梨系统品种，原产河北赵县、定县一带。是华北地区栽培的著名大果型优良品种。

果实大，一般单果重250～300克，大果1 000克左右。果实长卵圆形或椭圆形，果皮厚、绿黄色，果面稍粗，果点小，贮后果皮金黄色，外形美观。果肉白色、质脆稍粗多汁，味甜，含可溶性固形物12%，果实含糖6.9%，含酸0.08%，口感甘甜，具香气，品质上。鲁西北、冀中南9月中旬成熟，较耐贮运。

树势较强，幼树生长健壮，枝条角度小，树冠扩大较慢，3～4年生开始结果。枝条发枝力、萌芽力均中强，幼龄树以中、长果枝结果，成龄树以短果枝结果为主，中、长果枝及腋花芽也有结果能力。果枝连续结果能力差，结果部位易外移，易形成大小年。花序坐果率较低，多坐单果，采前落果较重，特别是采前遇风落果重。

雪花梨自花不结实，茌梨、香水梨、锦丰梨均可作授粉品种。

雪花梨适应性较广，喜肥沃深厚的砂壤土，以砂地所产梨果品质优良。抗寒力中等，抗旱力较强，抗风力较差，易感黑星病，虫害也较重。

(5)黄县长把梨 黄县长把梨又名天生梨、大把梨，为白梨系统品种，原产山东龙口市。

果实倒阔卵形，果实中大，单果重 200 克；果皮黄色、梗洼无锈。果皮中厚，蜡质多，果点小，果实外形美观。果梗长为主要特征。果肉白色，质脆稍粗，汁中多，微香；含可溶性固形物 12%～14%。口感偏酸，刚采收时较酸，贮藏后酸味变小，风味改善，品质中等。胶东半岛 9 月下旬至 10 月上旬成熟，山东内陆成熟期提前到 9 月中旬。极耐贮藏，在胶东普通窖藏可至翌年 5 月份。

幼树生长直立，萌发力强，成枝力较弱，树冠中枝叶较为稀疏，适宜密植栽培。中、短果枝比例高，以短果枝结果为主。一般3～4年开始结果，果台易抽生短果台枝，形成短果枝群，中期产量增长快，初盛果期树的产量常可超过其他品种，具有丰产潜力。树势易衰弱，应注意疏果并多短截促生枝条，复壮树势。花序坐果率高，应注意疏果，防止大小年结果。

长把梨自花不实，适宜授粉品种有香水梨、茌梨、鸭梨等。

长把梨抗旱力强，耐涝，抗寒力较差，抗风力较强，易感黑星病，抗药力强。适宜山地栽培，在河滩地及平地栽培表现树势健壮、丰产性亦好。由于坐果多、丰产，要求肥水充足，否则树势衰弱。虫害较轻，但结果多时，食心虫为害重。

(6)栖霞大香水梨 栖霞大香水梨为白梨系统品种，原产山东栖霞市，又名南宫祠梨。

果实长圆形或倒卵形，果实中大，一般单果重 200 克左右；果皮绿色，贮后转黄绿色或黄色，果皮薄，果点小而密，较美观；果面有时生水锈，污染果面影响商品质量；果肉白色，肉质松脆但稍粗，汁多，味甜微酸，具香气，石细胞较少，含可溶性固形物 13%～14%。果实含糖 8%，酸 0.3%，口感偏酸，品质中等。胶东梨区果实 9 月下旬成熟。耐贮性强，普通窖藏可贮至翌年 3 月底。

树势中等，生长旺盛，树姿较开张；幼树生长健壮，发枝力较强。幼树半开张，枝量增长快，易形成中、短枝及中、短枝花芽。幼树结果较早，果台枝抽生能力强，在枝条稀疏时，易连续成花结果。成龄树丰产性强，花序坐果率高，注意疏花、疏果，合理负载。香水梨适宜的授粉品种有茌梨和鸭梨等。

该品种适应性较强，在冬季气温较低的华北平原、胶东半岛常发生花芽、枝干冻害。抗旱性稍差，对立地栽培条件要求严，适宜砂壤土栽培。山地旱园、粗砂地、盐碱地树势弱、果实小，易发生缩果病。抗黑星病，轮纹病较重。

(7)金花梨 金花梨原产四川省金川县沙耳乡孟家河坝，系金川雪梨中选出的优良单株。

果实大，果实倒卵圆形或圆形，平均单果重300克，最大果重600克；果皮绿黄色，贮后金黄色，且具光泽；果面不太平滑，有蜡质，果点小而密，大小不均匀；梗洼狭而深，少数有锈斑，果梗中粗；抗风力强，采前落果少。果皮薄，果心小，果心线不明显。果肉白色，质地细脆，汁多味甜，具香气，可溶性固形物12%～15%，总糖8%，酸0.15%；果形美，品质优，耐贮运。在华北果实9月中下旬成熟。

金花梨结果早，定植第四年开始结果，大树高接换种，经过人工促花，翌年就能恢复产量。树势强壮，生长旺盛，树姿半开张；萌芽力强，成枝力中等；1年生枝黑褐色，皮孔大而密，呈梭形，白色；叶片大，广卵圆形，先端短尖，基部广楔形，叶绿有刺芒状锯齿；以短果枝结果为主，花序坐果率高，丰产稳产。适应性较强，较耐寒、耐湿，抗旱力较强，抗病虫能力较强，易受金龟子为害。

(8)早酥梨 早酥梨系中国农科院果树研究所用苹果梨为母本、身不知梨为父本杂交育成的新品种，在各地栽培表现良好，是著名的优良早熟品种，深受种植者和消费者欢迎。

果实卵圆形，平均单果重200克，最大果重280克；果皮绿黄色，有蜡质，果面有纵沟条纹；果点细密，褐色；果梗较长，附着部略膨大，梗洼不明显，萼片宿存，有瘤状突起；果皮薄，果心小；果肉白色，肉质细嫩，汁多，味甜微酸；含可溶性固态物14%，总糖7%，酸0.1%～0.2%，品质上；果实7月中旬成熟，不耐贮藏。早酥梨丰产、优质、成熟早，定植第四年开始结果，大树高接结果。

树势强健，生长旺盛，树姿半开张；1年生背阴枝灰绿色，向阳枝红绿色，皮孔圆形，幼嫩部分密被灰白色茸毛；萌芽率较高，成枝率中等；叶片中大，卵圆形，叶缘微呈波状，锯齿刺芒较长，叶柄细长；以短果枝结果为主，坐果率极高，每花序坐果多为3～4个；丰产稳产。适应性强，耐低温冷凉，抗寒、抗旱，栽培范围广。

17. 目前国内有哪些新品种？

(1)新梨3号 新梨3号是新疆生产建设兵团农七师农科所1978年以古高作母本，早酥作父本，于本所原始材料圃杂交育成。1979年播种，1981年定植于选种圃，1986年第一次结果，1987～1989年入选。1994年11月经新疆维吾尔自治区农作物品种审定委员会审定通过，并定名为新梨3号。

果实中型，长圆形，纵径9厘米，横径7.5厘米。果面光滑，蜡质中等，果点中大而密。果实底色黄绿，部分果阳面呈红色。果梗先端稍膨大，果梗长4.5厘米，梗洼中深，萼片残存。平均单果重178克，最大果重224克，大小整齐。外观综评上等。果肉白色，肉质细嫩，酥脆，汁液多，果心小，石细胞少，酸甜适宜。含糖量9.9%，含酸量0.35%，含维生素C 6.6毫克/百克。较耐贮藏，在冷藏条件下(0℃～4℃)可贮存至翌年3～4月份，最适食用期9～10月份。

树冠较小，树势中庸，适宜密植，株行距3米×5米或3米×4米。适宜树形为纺锤型或疏散分层型。萌芽力中等，成枝力弱，幼树修剪不宜太轻，力求多发枝条。易形成结果枝，坐果率高，应注意疏花疏果，适当控制负载量，并要及时回缩结果枝组，加强肥水管理，多施有机肥，生长后期早停水。适宜的授粉品种为新梨4号和红秀2号。

适宜新疆维吾尔自治区北疆沿天山一带，吉林、黑龙江部分地区和内蒙古、甘肃等地也可栽培。不宜在车徘子、下野地、莫索湾等地栽培，该品系抗寒力强，树冠较小，适宜密植，果实外观美丽，果肉细嫩、酥脆，石细胞少，品质优良较耐贮，是一个综合性状较好的新品种。有很大的发展潜力。

(2)绿宝石　绿宝石梨系中国农科院郑州果树研究所用早酥和幸水杂交育成的新品种。

果实近球形，平均单果重220克，最大单果重550克。果皮绿色，套袋果乳白色；果肉白色，肉质细腻，可溶性固形物含量13.7%，味甜，富含香气，品质上等。在泰安地区果实7月下旬至8月初采收。

树势中庸，萌芽力强，成枝力中等；成花容易，以短果枝结果为主，坐果率高；早果性和丰产性强；3年生密植园(丛植)每667平方米产1 009千克。幼树树姿直立，成龄树开张。树干浅灰色，多年生枝黄绿色、皮细、光滑。1年生枝黄绿色，梢无茸毛，皮目中多、凸出、近圆形。叶片大，叶形为正常圆形，叶尖渐尖，叶基圆形，叶缘刺芒状。叶面平滑，有光泽，叶背无茸毛，叶边锯齿为锐单锯齿，大小整齐。叶姿平展。叶芽中等大小，三角形离生。花芽肥大，心脏形。

该品种抗逆性较强，适栽范围广，抗病性强，抗轮纹病、梨黑星病、缩果病能力较强，抗蚜虫，对梨木虱有较强的抗性。绿宝石梨早果丰产性强，品质上等，经济效益高，有着广阔的发展前景。

(3)黄冠　河北省石家庄果树研究所1997年以雪花×新世纪杂交育成。

果实椭圆形，果个大，平均单果重235克，最大果重360克；成熟果实果皮黄色，果面光洁，果点小，无锈斑，萼片脱落，果柄细长，外观酷似“金冠”苹果；果肉洁白，肉质细腻，石细胞及残渣少，松脆多汁;风味酸甜适口,并具浓郁香味,果心小,可溶性固形物含量12.4%,品质上等。在泰安地区果实8月上中旬成熟。

树冠圆锥形。主枝黑褐色,1年生枝暗褐色,皮孔圆形,密度中等,芽体较尖,斜生。叶片椭圆形,叶尖渐尖,叶基心脏形,叶缘具刺毛齿,成熟叶片绿色,早春萌芽长出的嫩叶绛红色。花冠白色,花药浅紫色,每花序平均8朵。

黄冠树势健壮,树姿直立。幼树生长较旺盛;萌芽率高,成枝力中等,以短果枝结果为主,果台梢连续结果能力强,幼树有明显的腋花芽结果现象,自然授粉条件下每花序坐果3.5个。结果早,在一般栽培管理条件下,2～3年生即可结果,4年生树平均每667平方米产量500千克,早果早丰特性明显优于早酥梨、鸭梨等品种。黄冠梨早熟、优质、早果丰产、是中、早熟梨首选品种,同时因高抗黑星病,生产中可降低防治成本。

(4)锦丰梨 中国农科院兴城果树研究所以苹果梨为母本,慈梨为父本杂交育成。锦丰梨果实品质优良,风味极佳。

果实扁圆形或近圆形,平均单果重240克左右,大果450克。果皮绿黄色,有蜡质光泽,贮藏后变黄。果点大明显,萼片宿存。肉质细嫩、松脆,汁液特多。可溶性固形物含量13%～16%,酸甜可口,微香。耐贮,在半地下式果窖中贮藏,可贮至翌年4～5月份,是晚熟种中最耐贮藏的品种之一。9月中旬成熟。

树势健旺,萌芽力、成枝力均强;幼树定植5～6年结果。以短果枝结果为主,并有腋花芽结果习性,每花序坐果1～2个。锦丰梨喜肥水,缺肥少水时果实变小,但适应性强,树体耐旱和耐寒力强。该品种比较适宜的授粉树为苹果梨、砀山酥梨或早酥梨。

(7)红香酥 红香酥是由中国农科院郑州果树研究所1980年育成,亲本为库尔勒香梨×鸭梨,原育种代号80-4-6。1997年通过河南省农作物品种审定委员会审定。

果实长卵圆或锤形,平均单果重200克,最大500克;果面洁净光滑，果点中大，较密；果皮底色绿黄，向阳面红色，光滑，蜡质多，外观艳丽；果肉淡黄白色，肉质细脆，果心小，石细胞少；含可溶性固形物13%～14%，风味甘甜可口，香味浓，品质极上；在郑州地区果实8月底至9月初成熟，较耐贮运，常温下可贮放2个月，贮后色泽更加鲜艳。

树冠中等大，圆头形，长势中庸，枝势较开张。生长势中庸健壮，干性强；萌芽率高，成枝力较强。以短果枝结果为主。叶片卵圆形，叶缘细锯齿。花冠粉红色。成花易，结果早，丰产稳产；定植第三年开始结果，盛果期每667平方米产量可达2000千克以上。授粉树以砀山酥梨、雪花、崇化达梨、鸭梨为宜。盛果期严格疏花疏果，每667平方米产量控制在2000～2500千克。

该品种抗性强，较抗梨黑星病、黑斑病，抗寒、抗旱，是一个难得的中晚熟耐贮红皮梨优良新品种，外观红艳，品质优良，早果丰产，具有广阔的发展前景。

(8)华酥梨 1977年由中国农业科学院果树研究所进行种间杂交育成，亲本为早酥和八云，1989年选出，1999年通过辽宁省农作物品种审定委员会审定并命名。该品种适宜西北黄土高原地区发展。

果实圆形，果个大，平均单果重300克，最大450克。果皮黄绿色，较厚，光滑，具蜡质光泽，套袋后果皮浅绿白色外观漂亮。果梗较长，梗洼中度深广，部分有浅沟延伸至果面。萼片宿存，萼洼浅广，有皱褶。果点小，不明显；果心中大，心脏形，中位。果肉乳黄色，石细胞少，肉细、酥脆多汁，酸甜适口。果实硬度6.6千克/厘米^2，可溶性固形物含量12%～14.6%。果实8月上旬成熟。果实发育期95～100天。

树势中庸偏强，树姿半开张。萌芽率高，成枝力低。以短果枝结果为主，有腋花芽结果的特性，早果性强，幼树定植后3年可结果，高接树次年结果株率在90%以上。1年生枝黄褐色，节间较长。叶芽圆锥形，花芽阔圆锥形。叶片长卵圆形，叶柄长，叶缘细锐锯齿，叶基圆形，叶尖长尾状渐尖。花蕾红色，花瓣白色，每花序 7～10 朵花。

该品种适应性强，较适宜砂壤土栽培。腐烂病、梨木虱等危害较轻。生产中应注意加强肥水管理。

(9)七月酥　由中国农业科学院郑州果树研究所以幸水为母本，早酥为父本杂交培育的早熟梨品种。该品种既有早酥梨早熟、个大、汁多的特点，又有幸水梨品质极优、肉质细的优点。

果实卵圆形，果个大，平均单果重 300 克，最大 600 克；果面黄绿色，套袋果白色，套袋果极美观，果点不明显；果面光滑洁净，有蜡质，果点细小而密，果皮薄，外观极好。果肉乳白色，肉质细嫩松脆、汁多味甜、微香，果心小，无石细胞，核小，可溶性固形物含量 12.3%。果实 7 月上旬成熟，果实成熟后易变软变绵，果实常温下贮藏 15～20 天，冷藏可达 2 个月。

该品种幼树生长旺盛，成枝力低，枝条生长直立，节间长，分枝少。幼树以长果枝结果为主，有腋花芽结果能力，花芽饱满，坐果率高，果台副梢连续结果能力强。自然坐果率高，不需人工授粉，栽培上需注意人工疏果，留果量以叶果比 25～30∶1 为宜，667 平方米产量宜控制在 2 000～2 500 千克。授粉树可用雪花梨、早酥梨、早美酥梨和鸭梨等。抗病性强，很少感染褐斑病和黑星病，未发现干腐病和轮纹病。目前，该品种为南方地区成熟早、果个大、品质佳的特早熟梨品种，发展潜力较大。

(10)脆香蜜　又名苍梨 6-2，由四川农大园艺系于 1980 年用苍溪雪梨与河北鸭梨杂交育成，1990 年通过评审鉴定。

果实短瓢形或倒卵形，果实大小整齐，平均单果重 320 克；果皮浅黄褐色，有光泽，果点较小，灰褐色，萼片脱落，萼洼深广，呈漏斗状，有韧性；果心小，果肉洁白，细脆化渣，汁液多，风味浓，具香气；含可溶性固形物 14%，总糖含量 9%，总酸量 0.1%，品质极上;果实耐贮运。果实8月下旬开始成熟,发育期150天左右。

树势中庸,树姿半开张;萌芽力、成枝力均中等;以短果枝结果为主,易形成腋花芽,自然授粉坐果率高。多年生枝灰褐色,1年生枝暗揭色,较细;皮孔明显,大小及稀疏中等,椭圆或圆形,嫩枝及幼叶浅红色,有少量灰白色茸毛,不久脱落;花芽肥大,卵圆形;叶片大,卵圆形或长卵圆形至椭圆形,深绿色,叶缘具不明显裂齿;高度自花不实。授粉品种可选择苍澳雪梨、河北鸭梨等。该品种结果早,丰产性好,定植后第三年开始结果,5年生平均株产23千克。

该品种丰产、抗风力强。尤其在肉质、风味、耐贮和抗病性等方面表现优良。

(11)丰香梨　该品种由浙江省农业科学院园艺研究所育成的早熟梨新品种,亲本为新世纪×鸭梨。

果实长圆锥形,果形指数0.98,果肩突出,果形似元帅系苹果,有的果实具有1条纵沟;果实大,平均单果重280克,最大单果重360克,大小较均匀。果梗较短,果梗远端稍膨大,不易产生离层,阳面红褐色,阴面绿色。梗洼深,中广,萼洼浅广,萼片宿存,萼端突起,有明显五棱。果皮成熟前绿色,开始成熟后自阳面绿色减褪,完熟后转为金黄色,酷似金冠苹果。果面较粗糙,果皮薄,果点较大而密且明显,具少许放射状梗锈。果皮蜡质厚,有光泽。果肉黄白色,半透明,石细胞极少,细嫩松脆,汁液多,含可溶性固形物12.3%～14.2%,果实硬度5.5～8.8千克/厘米^2;风味浓甜,酸度极低。果心极小;香味淡。采后常温下可贮藏15天。

树势强健,生长势强旺;树冠中大,树姿直立,冠型紧凑,枝条角度直立;萌芽率高,成枝力强;1年生枝短截抽生2～6个长枝,极易形成花芽,结果早,花量大,坐果率极高,高接后第二年即大量结果,株产可达9.5千克,第三年达18.6千克。易形成腋花芽和短果枝,以短果枝和腋花芽结果为主,中、长果枝也具有良好结果能力。连续结果能力强,无大小年结果现象,极丰产稳产,需配置授粉树。1 年生发育枝红褐色。皮孔大而密,明显,微凸,灰白色,近圆形。发育枝节间距 3.3 厘米。叶片长椭圆形,较大,叶柄长 2.75 厘米。幼叶及嫩梢浅黄绿色,幼叶光滑,茸毛少。成龄叶浅绿色,质地硬而厚,蜡质厚,有光泽。叶缘锯齿深而密,先端急尖,基部楔形。叶片稍弯曲,叶姿平展或微下垂。

该品种适应性强,抗寒,较抗旱,耐湿涝,抗病虫害能力强,未发现严重病虫危害现象。抗早春晚霜冻害能力强,2001 年 3 月 27 日花序分离期遭遇 −7.2℃低温,坐果正常。对肥水条件要求较高,宜选肥沃壤土或砂壤土建园,并注意施足底肥,授粉品种可选早绿、绿宝石等花期相近的品种。

(12)翠冠　翠冠为浙江省农科院园艺研究所培育的早熟品种,亲本为幸水×(杭青×新世纪)。

果实近圆形果实大,平均单果重 230 克,大果 500 克。果皮绿色,套袋果为黄色,果面光滑,果点稀小,有少量锈斑。果皮薄,果心小,可食率 96%。果肉白色,褐变极慢,石细胞少,肉质细嫩酥脆,汁多,味甜。含可溶性固形物 11.5%～13.5%,品质上等。最适食用期为 7 月底 8 月初。

树势强健,生长势特强。树姿较直立,花芽较易形成,丰产性好。结果枝基本可连年形成花芽而结果,目前尚未发现明显大小年现象。叶片浓绿,长椭圆形,大而厚。定植第三年结果。3 年生树每 667 平方米产量 580 千克,4 年生 1 188 千克,5 年生达 1 906 千克。3 月中旬萌芽,3 月下旬开花,比黄花梨稍早或同期。7 月 18 日左右即可采收。抗性强,山地、平原、滩涂等多种地域和红壤、黄壤、紫色土、砂质地等多种土壤均表现生长发育良好。抗病、抗高温能力明显优于日本梨。

(13)玉露香梨　玉露香梨是山西省农业科学院果树研究所近年以库尔勒香梨为母本、雪花梨为父本杂交培育成功的优质、耐藏、中熟梨新品种。2003 年通过省级品种审定和国内专家鉴定。该品种具库尔勒香梨所特有的优良品质，果肉细嫩、香甜爽口、品质极佳。

果面光洁细腻，着红色纵向条纹，果皮薄，果实近球形，平均单果重 236 克，最大果重 450 克。果实耐贮藏，在自然土窑洞内可贮藏 4～6 个月，恒温冷库可贮藏 6～8 个月。

幼树生长势强，结果后树势转中庸。萌芽率高(65.4%)，成枝力中等，嫁接苗一般 3～4 年结果，高接树 2～3 年结果，易成花，坐果率高，丰产、稳产。晋中地区 8 月下旬到 9 月初成熟，果实发育期 130 天左右。自花不结实，有花粉败育现象。树体适应性广，抗性较强，对土壤要求不严，适宜我国广大酥梨适栽区栽培。目前，是目前国内外认为综合性状最优良的库尔勒香梨型中熟梨新品种。

(14)金星梨　中国农业科学院郑州果树研究所用山东栖霞大香水梨与河北兴隆麻梨杂交育成的早中熟梨优良新品种。

金星梨生长势中庸强健，枝条硬而开张，芽饱满。8 年生树高 4.5 米，冠幅 3.4 米×3.7 米，干周 38 厘米。开始结果早，一般管理条件下，定植第二年开始结果。树冠丰满近圆形，枝条生长健壮，节间短。1 年生枝灰褐色，多年生枝深褐色。叶片卵圆形，深绿色，叶缘锯齿锐尖。花瓣卵圆形。果实近圆形，平均单果重 220 克，果面浅黄绿色，光亮洁净，外观美丽。果柄长 3.5 厘米，果肉淡黄白色，肉质松脆，汁液多，石细胞少，口味纯正，甘甜微酸，有香味，口感好，总含糖量 9.48%，品质佳。较耐贮，室温下可贮 30 天左右。3 月上旬花萌动，8 月初果实成熟，果实发育期 100 天左右，营养生长期约 280 天。

该品种抗旱耐涝，耐瘠薄，抗寒性、抗风力强，较抗梨黑心病、锈病。适宜在黄淮地区栽培，在西北、西南地区也可栽培。

(15)六月雪梨　系果树科研人员在重庆边远山区沙梨种植区

发现的一个优良特早熟大果品种。

果实近圆形，绿色，套袋后呈半圆，平均单果重 200～220 克，最大果重 357 克。透明状。肉质香甜细嫩，汁液多，无石细胞；果心极小，可食率达 93%以上，含可溶性固形物 12.4%，高抗氧化（果实削皮后 48 小时不变色），品质极佳。重庆地区 6 月下旬可采摘上市（比绿宝石提前 12 天）。幼树栽后第二年即可结果，株产可达1～2 千克；第三年株产可达 13 千克。

该品种选自高温高湿、弱光照、温差小的重庆地区，适应性广，抗病力强，在南北方沙梨适栽区表现极为优良。

18. 主要栽培的日、韩品种有哪些？

(1)爱宕梨 日本冈山县龙井种苗株式会社推出，亲本为二十世纪×今村秋，1982 年被日本农林水产省种苗法认定为新品种。是沙梨系统中一个优良的晚熟品种。

果实圆形或扁圆形，平均单果重 415 克，果个过大者或树势衰弱时果形不正；果皮黄褐色，果点较小，中密，果面较光滑，套袋果果皮淡黄色，果点不明显；果肉白色，肉质细脆，汁多，石细胞少；可溶性固形物含量 12%～16%，味酸甜可口，有类似二十世纪梨的香味，品质上；10 月中下旬成熟，耐贮性强。延迟采收，果肉不会发绵。常温下果实可贮 1 个月余，冷藏可达 6 个月。

树势健壮，枝条粗壮，树姿直立；萌芽力强，成枝力中等；极易形成花芽，部分长枝也可形成花芽结果，易形成短果枝，以短果枝和腋花芽结果为主，果台副梢长势弱；花白色，个别略带红色，每花序 5 朵花，花瓣 5 枚，花蕊略带红色，这是其显著特点。早果，极丰产，稳产，生理落果和采前落果轻；爱宕梨对各种病虫害抗性较强，但不抗黑斑病，抗寒性差。爱宕梨果实易发生日灼病，尤其是在高温干旱年份受害较重；因果实甜度大，易受蜜蜂扰害；抗风力也稍弱；树体矮化，宜密植，需防风。

(2)新世纪　该品种为日本用二十世纪×长十郎杂交育成。1945年命名并发表。

果实近圆形，平均单果重300克左右，最大520克，果形指数为0.89；果皮黄色，套袋果乳黄色，果点密；果梗长，萼洼浅，萼片多脱落，很少宿存；果心小，心室5个，种子6～10粒；果肉白色，肉质细、脆、汁多，可溶性固形物含量14%；味甜，微香，品质上等。

树势强健，树冠半开张；萌芽率高，成枝力强；枝条深褐色，粗壮，皮孔中大，平均节间长3.8厘米；叶片中大，叶面具光泽，叶片卵圆型，叶缘锯齿密浅，叶柄长；多花类型，每花序在6～9朵花，花粉量大，和主要品种均能授粉。该品种栽后第二年见果，幼龄树以短果枝结果为主，果台连续结果能力强，具腋花芽结果能力，自花授粉花序坐果率可达30%，异花授粉花序坐果率更高。

3月初花芽开始膨大，现蕾期在3月20日，3月28日花序开始分离，初花期在4月上旬，盛花期在4月上中旬。果皮7月下旬开始变黄，成熟期在8月上中旬，新梢开始生长期为4月中旬，中短梢停长期在5月上旬，长梢停长期在6月中下旬，落叶期在11月下旬。

适应性广，对各种病害抗性均较强，尤其抗黑斑病、黑星病，较不抗轮纹病和褐斑病，果实易发生果锈。易受梨木虱为害，对肥水条件要求较高。

(3)丰水梨　日本品种。菊水×八云杂交育成。

果实为圆形，平均单果重210克，最大单果重达550克；果皮为褐色，套袋后的果实外观极美，果皮细腻，果面光亮，果面较粗糙，果点大而多；果肉白色，肉质细嫩、汁多、味甜且石细胞极少，可溶性固形物达13.8%～15%，品质上等，果实在自然条件下采后可贮藏10～15天。在鲁中山区果实成熟期为8月中旬，果实生育期120天左右。

丰水梨早实性强，定植后翌年即可成花，成花株率达80.2%，第三年每667平方米产量为1 000千克，第四年产量可达2 000千克。丰水梨幼树自花结实率高，在不配置授粉树的情况下，2～4年生丰水梨自然授粉，花序坐果率、花朵坐果率高达90%和50%。但随着树龄增大，树冠扩大，丰水梨的自花结实率下降。由此，丰水梨应配置适宜的授粉树，以新高、新兴和二十世纪为宜。

丰水梨树势强，株形为普通形，树姿直立，半开张，树冠圆头形；枝干褐色、表面光滑，1年生枝浅褐色，皮孔中大，节间中等长；萌芽率高，成枝力中等。幼树以长果枝和腋花芽结果为主，腋花芽多着生于枝条的中上部，果台连续结果能力较强，大小年现象不明显。丰水梨采前落果轻。抗逆性较强，抗旱、抗涝及抗轻度盐碱，但过度干旱，可致二次开花和果实品质下降。丰水梨幼树及初果期树抗病性降低，较易感黑星病、赤星病及轮纹病，对二叉蚜、梨木虱抗性也较差。丰水梨具有生长快、易成花、结果早、品质优良、抗寒，可适当发展的优质中熟品种。

(4)新高梨 日本神奈川农业试验场菊池秋雄1915年用天之川×今村秋杂交育成，1927年命名并发表。

果实近圆形，果实大，平均单果重400克，最大果重1 000克。果皮黄褐色，较薄，果点大而稀，白色，果面手感较光滑。果肉白色，细嫩，多汁，酥脆无渣，味甜，果心小，石细胞少，可溶性固形物含量13%～15%，可食率高。耐贮藏，一般室温可贮2～3周。

树势强，树姿较直立。幼树生长旺盛，树冠扩大迅速，但随树龄增大生长量变小。萌芽率高，成枝力低，通过适度修剪，1年生枝萌发率可达70%左右，剪口下一般能抽生1～2个长枝。采取缓放、拉枝开角等措施，萌芽率高，成枝率低。单株枝量增加迅速，短枝多。结果早，易丰产。高接树第二年全部开花结果，第三年基本恢复产量。成花容易。不仅缓放拉枝易成花，而且经夏剪摘心促发的短枝也极易成花，特别是对强旺新梢连续摘心，效果更明显。果台一般能抽生2个短果台枝，也极易分化成花。新高梨根系发达，对土壤的适应性较强，在山地丘陵和平原地栽培均生长良好，宜选深厚土壤栽植。定植前需深翻改土，施足有机肥。耐瘠薄，较抗旱耐寒，抗病虫能力较强。

(5)大果水晶　韩国品种，1991 年从新高梨的枝条芽变中选育成的梨新品种。

果实扁圆形或圆形，果形指数 0.91，平均单果重 450 克，最大 690 克。果实黄色，果点小而稀，套袋后果皮乳黄色，表面晶莹光亮，有透明感，外观诱人，由此得名水晶。果柄长，先端稍膨大。梗洼窄而深，萼洼中广。果肉白色，肉质细嫩，脆甜，汁液、含糖量均高于新高，可溶性固形物含量 14%，石细胞极少，果心小，味蜜甜，有浓郁香味，品质上等。果实 9 月底成熟。果实硬度大，耐贮运。

树势强健，树姿稍直立。萌芽率中等，成枝力较强，枝条粗壮，节间较长。叶片宽椭圆形，大而薄，叶缘细锯齿整齐、急尖。以短果枝群结果为主，腋花芽结果能力亦较强，幼树长果枝中腋花芽枝占 64.5%，其中 40%腋花芽和顶花芽串生。始果早，丰产性强，高接树第二年即有腋花芽和顶花芽结果，第三年即可大量结果。3～4 年生树每 667 平方米产量达 1 000 千克左右。花粉量大，与幸水、七月酥亲和力强。花序坐果率高。平均单花序坐果 1.5 个。采前不落果。

抗旱，抗寒，高抗黑星病，较抗轮纹病、炭疽病。

(6)黄金梨　韩国园艺场罗州支场 1967 年用新高与二十世纪杂交育成，1981 年命名。是韩国育成的优良绿皮梨品种。

果实圆形或长圆形。平均单果重 350 克，大小比较一致，大果 500 克以上。梗洼深而陡，漏斗状，有时有 4 条不明显的棱沟。无梗洼锈。果梗粗长，上端粗大。萼片脱落，或宿存。萼片小，多直立。脱萼者，萼洼浅而小，有皱褶。花萼宿存者，果顶突起。果面绿色，充分成熟后金黄色。套袋果绿白色或淡乳黄色，无果锈，颇美观。果皮薄而细嫩，光洁。果点小，圆形，淡黄褐色。果点锈及果点间锈极少。果肉白色，肉质细嫩，汁多，味甜，酸味小。可溶性固形物含量14%左右；果心小，果肉可食率为95%左右。果实充分成熟后香味浓，品质上。

黄金梨树冠小，半开张。幼树生长旺盛。1年生枝粗长、黄褐色。皮孔大而密，浅褐色凸起，椭圆形或长梭形，甚至长线形，枝条上端长线形皮孔较明显。枝条生长封顶后，顶芽芽基呈球状膨大。未停止生长新梢，其上端幼叶为黄绿色或绿色，为该品种的主要特征之一。叶片大，淡绿色，长椭圆形，叶尖长。锯齿特大，刻深而宽，常为复锯齿，且具长针芒，为该品种的又一显著特征。

幼树生长健旺，成枝力较低，萌芽率高。中、短枝发达，寿命长，转化能力弱，更新周期较长。幼树成花容易，腋花芽多。大树高接当年，抽生的中、长枝易成腋花芽。定植幼树，翌年开始结果。幼树结果，以长、中、短果枝和腋花芽并举。大树则以短果枝结果为主。花朵坐果率高。腋花芽所结的果实，果形也很正。丰产稳产，无大小年现象。黄金梨的初花期在4月上旬，盛花期为4月中旬，果实8月下旬成熟。

该品种抗逆性强，果实及叶片抗黑斑病、黑星病，较抗早春霜害。黄金梨早果丰产，个大优质，适应性强，成熟期适宜，是大有发展前途的梨新品种。

(7)圆黄梨 韩国园艺研究所用早生矢×晚三吉育成，是韩国中早熟梨的主要品种。

果实扁圆形，果实大，平均单果重500克，最大果重800克；果皮薄，淡黄色，果点中稀，果面光滑；果肉白色，肉质细腻多汁，石细胞少，脆甜可口，并有香味，含可溶性固形物含量15%，品质佳，果心小，可食率95%以上，果实硬度大，较耐贮藏，常温下可贮藏30天以上，品质不变，是贮藏性较好的早熟梨品种。8月上中旬成熟，果实发育期123天左右。

树势旺，萌芽率高，成枝力中等；枝条甩放易形成短果枝，短截发枝易形成花，副梢充实也易形成花，以腋花芽结果为主；随着树龄增大，转向以短枝结果为主，丰产性极强。

该品种对土壤、气候适应性强，对黑斑病抵抗力强。圆黄梨早果、早产、果大、味美、外观美、商品率高、硬度大、耐贮藏，综合性状优于其他同期早熟品种，是一个外观风味兼优的新品种，有较高的经济价值和良好的发展潜力。

(8)晚秀 韩国1978年用单梨×晚三吉培育而成，经过10余年的试验筛选，1995年选定命名。

果实扁圆形，果皮黄褐色，外观极美。果个大，平均单果重660克。果肉白色，肉质细腻，石细胞少，无渣，汁多，味美可口，可溶性固形物含量为14%～15%，品质极上，贮藏后风味更佳。果实10月中下旬后成熟，极耐贮藏，低温条件下可贮藏6个月以上，属优良的大果型晚熟品种。

该品种树势强，树冠似晚三吉直立状。抗黑星病和黑斑病，抗干旱，耐瘠薄。花粉多，但自花结实力低，宜选择圆黄作授粉树。

(9)天皇 天皇从韩国引进，为新高芽变品种。

果实特大，圆形或扁圆形，平均果重500～600克，果皮黄褐色，果肉白色，细嫩化渣，风味浓甜。可溶性固形物15%以上。在长沙地区9月中旬成熟。

该品种树势健壮，生长势一般，花大、果大、叶大，成枝力较低，幼树第三年开始结果。在长沙地区，花芽萌动期为3月上旬，初花期为3月中旬，盛花期为3月下旬，营养生长天数为260天。抗逆性和抗病虫性均较强。

19. 西洋梨的主要品种有哪些？

(1)红安久 美国华盛顿州发现的安久梨的浓红型芽变新品种。山东省于1997年从美国农业部国家梨种质圃引入。

果实葫芦形，平均单果重230克，大者可达300克。果皮全面紫红色，果面平滑，具蜡质光泽，果点中多小而明显，外观漂亮。梗洼浅狭。萼片宿存或残存，萼洼浅而狭，有皱襞。果肉乳白色，质地细，石细胞少，经1周后熟后变软，易溶于口，汁液多，风味酸甜适口，具有宜人的浓郁芳香，可溶性固形物含量14%以上，品质极上。果实在济南地区成熟期为9月下旬至10月上旬。果实在-1℃冷藏条件下可贮存6～7个月，在气调条件下可贮存9个月。

树势中庸或偏弱，开始结果较晚，丰产性较强。生长健壮，极性强；1年生枝浅褐红色，表面有灰白蜡纸状粉，直立生长快，粗壮；拉枝、拿枝时易折；叶片春至初夏呈浅红，叶缘锯齿浅、钝，微正翻；叶基部楔形，先端渐尖；整叶先端近1/4微反向翻转；以中短果枝及短果枝群结果为主，花粉较少，需配置授粉树，授粉品种可选用红考蜜斯和红巴梨等。

红安久梨的砧木最好选择毛杜梨，以达到控长、早期丰产的目的；抗寒性较中国白梨、秋子梨稍差，适宜在巴梨栽植区内建园；较抗旱、耐寒，在山地丘陵和平原地pH6～7.8的各类土壤栽培均生长良好。

病虫害防治该品种对细菌性绵疫病、梨黑星病的抗性高于巴梨；对白粉病、叶斑病、果腐病、梨衰退病、梨脉黄病毒的抗性类似于巴梨；对食心虫的抗性远高于巴梨，但对螨类特别敏感。

(2)红考蜜斯 美国华盛顿州从DoyenneDuComice(考蜜斯)中发现的浓红型芽变新品种。山东省果树研究所1997年引入。

果实短葫芦形或近球形，平均单果重220克，最大果重可达350克；果面紫红色，果面平滑，具蜡质光泽，果点中大，明显，外观美丽。果柄粗短，多斜生，果梗连接果肉处膨大为肉质，梗洼浅或无；萼片宿存或残存，萼洼深而广；果皮厚，果心中大，果肉乳白色，质地细而稍韧，经1周后熟变软，易溶于口；汁液多，石细胞少，风味酸甜，芳香味浓，含可溶性固形物含量13%。品质上等。在泰安果实成熟期8月上旬，果实发育日数90天左右。果实在-1℃

条件下可贮存 4 个月,在气调条件下可贮存 6 个月。

树势中庸,树姿较开张;萌芽率高、成枝力强,树冠内枝条较密。成花容易,进入结果期较早,多短果枝结果,坐果率高,大小年现象不明显,高产稳产。1 年生枝褐色,新梢淡紫红色;主干灰褐色,粗糙。叶片椭圆形或卵圆形,尖端渐尖,基部楔形,叶缘锯齿较疏而圆钝。成苗栽后第三年开始结果。授粉树采用红茄梨、红巴梨、红安久梨等。

该品种适应性广、抗寒、抗旱、耐盐碱能力均等同于巴梨。在冬季要求低于 7.2℃的低温达到 900～1 000 小时才能打破休眠。对白粉病、白斑病的抗性远高于巴梨。对梨火疫病、梨黑星病和果腐病的抗性等同于巴梨。是一个综合性状优良的早熟红色品种,具有较好推广前景。

(3)早红考蜜斯 早红考蜜斯系英国培育新品种。

果实粗颈葫芦形,果个中大,平均单果重 190 克,大者可达 280 克。幼果期果实即呈紫红色,果皮薄,成熟期果实底色(阴面)黄绿色,果面紫红色,较光滑。阳面果点细小,中密,不明显,蜡质厚;阴面果点大而密,明显,蜡质薄。果柄粗短,基部略肥大,弯曲,锈褐色,梗洼小、浅;宿萼,萼片短小,闭合,萼洼浅,中广,多皱褶,萼筒漏斗状,中长;果肉雪白色,半透明,稍绿,质地较细,硬脆,石细胞较少,果心中大,可食率高,果心线明显;可溶性固形物含量为 12%～14%,经后熟肉质细嫩,易溶,汁液多,具芳香,风味酸甜,品质上等。果实 7 月底至 8 月初成熟。果实在常温下可贮存 15 天,在 5℃左右温度条件下可贮存 3 个月。

树体健壮,树冠中大;幼树期树姿直立,盛果期半开张。主干灰褐色,1 年生枝阳面紫红色,2 年生枝浅灰色,叶片深绿色,长椭圆形。萌芽率高,成枝力强,1 年生枝短截后,平均抽生 4.3 个长枝。花芽形成易,早实性强,高接树翌年结果。进入结果期以短果枝结果为主,部分中长果枝及腋花芽也易结果。该品种连续结果能力强，大小年结果现象不明显，丰产稳产。

该品种适应性强，易管理，果实硬度高，是一个很有发展前途的早熟、个大、优质西洋梨品种。

(4)红巴梨 美国品种，系巴梨的红色芽变。山东省果树研究所1987年4月自澳大利亚引入。

果实较大，平均单果重208克，大果达374克。果实粗颈葫芦形，果梗粗短，萼片宿存，果面凹凸不平。果皮自幼果期即为褐红色，成熟时果面大部着褐红色。果点小而密。果肉白色，可溶性固形物含量12.5%，总糖含量9.63%，酸含量0.39%，采后10天左右果肉变软，易溶于口，味浓甜。

红巴梨适应性强，树势强旺，萌芽力、成枝力均强，幼树树姿直立，结果后开张，长势较巴梨强。以中短果枝结果为主，有一定自花结实坐果能力。幼树成花结果早，丰产，栽后4年进入初果期。

红巴梨宜在巴梨栽植区栽培，对土壤条件要求不严格，在砂壤地表现良好，在山地及黏重黄土地上也可种植。砧木以豆梨为宜。需配置授粉树，适宜授粉品种有茄梨、伏茄梨和派克汉姆斯等。红巴梨树冠中大，宜矮化密植栽培，树型可采用纺锤型或小冠疏层型。幼树树姿直立，应极早开张主枝角度，冬剪时疏去过密、过弱枝，以改善光照，促进形成短枝结果。顶端优势较强，修剪时注意抑上促下，立体结果。适时采收，避免早采，以免果实品质下降。

(5)紫巴梨 山东省果树研究所1993年从美国引进材料中选出的最新优系，亲本不详。

果实粗颈葫芦形，平均果重200克，大果可达290克。果实全面紫红色，果面光滑，蜡质厚，有光泽，果点细小。果肉黄白色，质地细腻，硬脆。经后熟后肉质细软，汁液多，易溶于口，具芳香。风味酸甜，可溶性固形物含量为12.8%，品质上等。7月中旬果实基本长成，7月下旬成熟。采收后，常温下贮存4～5天后熟变软，在5℃左右温度条件下可贮存2个月。

树冠高大，树姿开张，枝条丰满。幼树生长旺盛，结果后树势健壮稳定，萌芽率高，成枝力强。以短果枝和短果枝群结果为主，中、长果枝和腋花芽亦具有较强的结果能力，连续结果能力强，无大小年结果现象。早实性强，高接树 2 年见果，4 年生树平均株产 31 千克，5 年以后进入盛果期，平均株产 66 千克。坐果率高，每花序坐果 1～2 个，坐双果比率占 20%～30%。该品种适应性强，较抗旱、抗寒、耐盐碱力与红巴梨相近，抗轮纹病、炭疽病及干枯病，虫害较少。

该品种果实早熟，色泽全红，外形美观，内在品质同巴梨，树势旺，结果早，丰产稳产，病虫害较少，适应性强，具有广阔的发展前景。

(6)巴梨　原产英国，1770 年由韦勒(Wheeler)在波克斯(Berkshive)地方发现，系自然实生苗。1871 年自美国引入山东烟台。

果实较大，壮树负荷适量时，单果重 250 克，果实为粗颈葫芦形。树势衰弱或留果过多时，单果重在 200 克以下，果梗一端变尖。壮树结果少时，果大，果面深绿色，凹凸不平。采收时果皮黄绿色，贮后黄色，阳面有红晕。弱树红晕明显，果面也较光滑。果肉乳白色，采后经一周左右后熟最宜食用。果肉肉质柔软，易溶于口，石细胞极少，多汁，味浓香甜，含可溶性固形物 12.6%～15.8%，品质上等。山东省中西部采收期为 8 月中旬，半岛地区为 8 月下旬。果实不耐贮藏，最适宜制作罐头，是鲜食、制罐的优良品种。

巴梨是树势不稳定的品种，幼树生长旺盛，枝条直立，呈扫帚状或圆锥状，萌芽力中等，成枝力较强，单枝生长量大。幼树一般 3～4 年始果，直立枝上的短枝需经 1～2 年演化才能形成果枝，有腋花芽结果习性。枝干较软，结果负荷可使主枝开张直至下垂。初盛果期树势健壮，以短果枝群结果为主，丰产潜力大。肥水不足，树势衰弱时，产量下降，易受冻害并易感腐烂病，使树株寿命缩短，其丰产年限远不如白梨系统品种。

巴梨适应性较广，以温暖气候最为适宜。黄河以北栽培，在大年树体贮藏营养少时，冬季易发生枝干冻害。胶东半岛和鲁西部栽培巴梨生长结果表现较好。巴梨对肥水条件要求较高，对土质适应性较强，但以冲积砂壤土最好。在山地及河滩沙地，树势弱，坐果率低，果小，缩果病也重。土质差时，应注意改土并增加肥水。巴梨以豆梨、褐梨作砧木较好。巴梨大面积栽植必须配置授粉树，如红考蜜斯、三季梨、伏茄梨、香水梨、长把梨等。巴梨适宜密植，株行距 2～3 米，采用篱壁型整枝，每公顷栽 1 500 株左右。山地栽植时树冠中小型，株行距一般 3～4 米；平原地栽植时树冠高大，株行距一般 4～5 米。根据巴梨树势不稳定的特点，幼树期及时控制促使结果，成龄树加强肥水管理，保持壮树稳产。抗腐烂病能力较弱，注意防治。

(7)凯斯凯德 美国品种，以俄勒冈著名的喀斯喀特山命名。

果实大型，平均单果重 500 克左右，果实阔瓢形，果柄粗短。果实全面着深红色。果肉细，汁液多，味甜，香气浓。在山东泰安地区果实于 9 月中下旬成熟，采后经 15～20 天完成后熟。较耐贮藏，0℃～5℃条件下贮藏 2 个月仍可保持原有风味，可供应秋、冬梨果市场。

树势健旺，树姿半开张。萌芽力、成枝力均高，以短果枝结果为主，自花不实，需配置授粉品种。易成花，结果早，栽后 3～4 年开始结果，丰产稳产。适应性强，病虫害少，耐干旱及中度盐碱。

(8)鲜美 英国品种。

果实小型，单果重 150～200 克，果实矮瓢形，果柄较短，偏向一侧。果实底色金黄，阳面鲜红色，美观。肉质细，汁液多，味甜，香气浓郁，品质极佳。在山东泰安地区果实于 8 月初成熟，采后经 10 天左右完成后熟。耐贮藏，0℃～5℃条件下贮藏 2 个月仍可保持原有风味。

树势强健，树姿开张。萌芽力、成枝力均高，以短果枝结果为主，自花不实，需配置授粉品种。易成花，早果性强，栽后 3～4 年始果，丰产稳产。适应性强，抗病虫，抗旱，抗中度盐碱。

(9)葫芦梨　我国 20 世纪 80 年代末自意大利引进。

果实大，长葫芦形，平均单果重 265 克，大果重 520 克。果皮绿至黄绿色，光照条件好时阳面有淡红斑。果肉白色，肉质细脆、甘甜，可溶性固形物含量 12%左右；后熟后果肉细软，汁多，味甜，富香气，可溶性固形物含量 15%以上。

树势强旺，顶端优势强，树姿开张，但较紧凑。以短果枝和短果枝群结果为主，结果后枝条易下垂。短果枝易形成，坐果率高，丰产稳产。自花不实，需配置授粉树。抗黑星病。宜在巴梨栽植区栽植。

第四章　梨生长结果习性

20. 梨合理树体结构有什么特点？

梨树体结构是丰产的基本骨架，是通过修剪形成的。合理的树体结构能够保证梨早期结果和丰产、稳产。其构成有树高、干高、主枝及主枝基角、腰角和梢角、层间距、中央领导干、大中小型枝组及其排列、辅养枝、总枝量等。由于栽培技术、品种、土壤、环境条件和栽培方式的不同，生产中采用的树型比较多，无论采用哪一种树形，合理的树体结构应具备以下几点。

(1)树高适宜　梨树为高大果树，自然条件，或控制不当，树体易过高，不仅对修剪、病虫害防治、疏花疏果、套袋及采收等工作带来不便，还容易造成上部枝叶对下部枝叶及相邻两行的相互遮蔽。生产中稀植大冠树树高一般控制在4.5米以下，中冠树高为3.5米以下，密植小冠树高为3米以下。

(2)骨干枝数枝量适宜，层次分布合理　骨干枝过少，不能充分利用空间，产量低；过多，树冠内通风透光不良，降低果实品质。因此，要根据栽培方式和密度，采用相应的树型、合理骨干枝数和分布层次。

(3)叶幕成层，叶面积系数合理　叶幕是指叶片在树冠上集中分布的叶片群体，叶幕的厚度和层次组成叶幕结构，两层叶幕之间的距离称为叶幕间距。叶面积系数是指单位土地面积与该面积内植株叶片总面积的比值。叶面积系数过大或叶片分布过于集中时，都不能充分利用光能，影响果实的产量和品质。

21. 梨树的器官有哪些？特点是什么？

梨树的器官包括芽、枝干、叶片、花、果实和根系。梨树的芽有叶芽和花芽之分。叶芽是展叶、抽梢、形成枝条的基础。根据在枝条上的位置分为顶芽和侧芽。一般顶芽较大而圆，侧芽较小而尖。叶芽的外部有十几个鳞片，内部有 3～6 个长在芽轴上的叶原基，中间的芽轴就是未来新梢的雏形。

梨的花芽是混合芽，芽内除有花器之外还有一段雏梢，其顶端着生花序，雏梢发育成果台，果台上还能抽生一个或两个枝条，称为果台枝。梨的花芽多数由顶芽组成，称为顶花芽，侧芽形成花芽时称腋花芽。

梨的枝条有短枝、中枝和长枝之分。短枝只有一个充实的顶芽，长度 5 厘米左右，节间很短，生长季叶片呈莲座状，叶腋内无侧芽或只有芽体很小的侧芽。

中枝长度 10～25 厘米，最长不超过 30 厘米，有充实的顶芽，除基部 3～5 节叶腋间无侧芽为盲节外，以上各叶腋间均有充实的侧芽。长枝长度 30～50 厘米，最长可在 100 厘米以上，顶端也有顶芽，但充实程度不如短枝和中枝。

梨的叶片是进行光合作用，制造树体营养物质的器官，叶片大小、叶片形成的早晚及质量与光合作用强弱、树体养分多少有直接关系。梨的叶片在萌芽前就已经在芽轴上形成了叶原始体(叶原基)，发芽以后随着枝条的伸长，展叶迅速而整齐。

梨的花序为伞房花序，每花序有花 5～10 朵，通常可分为少花、中花与多花三种类型，5 朵以下为少花类型，5～8 朵为中花类型，8 朵以上的为多花类型。梨花序外围的花先开，中心花后开，外围先开的花坐果好，果实大。

梨的果实由下位子房和花托共同发育成的，称为仁果。

梨的根系须根较少，骨干根粗大，分布较深。梨有明显的主根，主根上分生侧根，垂直或水平伸展，侧根上分生须根。须根的先端为吸收根。

22. 梨树芽的生长规律是什么？

梨树的芽可形成地上部的枝、叶、花、树干和树冠。梨树的生长发育、开花结果和更新复壮，都离不开芽，是梨树枝和花形成过程中的临时器官。

梨树的叶芽大多在春末、夏初季节形成。除西洋梨外，中国梨的大多数品种当年不能萌发副梢。翌年无论顶芽还是侧芽，绝大部分都能萌发长成枝条，只有基部数节上的芽不能萌发而成为隐芽。这类芽对于以后树冠更新有重要作用。萌发芽的基部也有一对很小的副芽不能萌发。梨树的隐芽寿命很长，是树体更新复壮的基础。

梨树的花芽形成比较早，在新梢停止生长、芽鳞片分化后的1个月即开始分化。多数是着生在中、短枝顶端的顶花芽，但大多数品种都能够形成腋花芽。梨花芽为混合花芽，萌发后先抽生一段结果新梢（果台），其顶端着生花序，并抽生一两个果台副梢。

芽的异质性是指枝条不同部位的芽，在生长势以及其他特性方面存在差异。如枝条基部的芽，发育程度低，质量差，多为秕芽；饱满芽多在枝条的中上部，饱满芽萌发能形成生长势强的枝条。

梨树的芽熟性较晚，形成当年不能萌发，需要越冬后翌年才能萌发抽条。

萌芽力是指芽的萌发能力，通常用枝上萌发的芽数占芽数的百分率来表示，百分率高则表示萌芽力较强。

成枝力是指枝上芽的萌发抽生新梢的能力，通常用新梢数占总芽数的百分率来表示，百分率高，则成枝力强，梨树的成枝力较弱。

23. 梨树枝条的生长规律是什么?

尽管梨树的萌芽率较高,但成枝力比较低。顶端优势强,顶芽以下1～2个侧芽抽枝粗壮较长,而中、下部的侧芽多萌发成中、短枝或叶丛枝。

梨树的短梢生长期只有5～20天,长5厘米左右,叶片3～7片,有充实饱满的顶芽,无侧芽或仅有不充实的侧芽。短梢停止生长早,叶片大,光合产物积累充足,容易形成花芽,连续结果能力强,可形成短果枝群,是梨树的主要结果部位。

中梢生长期一般在20～40天左右,长10～25厘米,叶片6～16片,有充实的顶芽,自基部3～5节以上均有充实的侧芽。缓放后可抽生健壮短枝,是培养中、小结果枝组的基础。

长梢生长期在60天以上,基本没有秋梢,顶端也可形成比较完整的顶芽。主要作用是培养树体骨架、扩充树冠及培养大、中型结果枝组。

24. 梨树叶片的生长规律是什么?

梨树叶片在萌芽前就已经形成了叶原基,发芽后随着新梢的生长,叶片迅速长成。单叶从展开到成熟需16～28天。长梢的叶面积形成期较长,一般在60多天,生长消耗营养物质较多,但长成后叶面积较大,光合生产率高,因而其光合生产量高,后期积累营养物质多,对梨果膨大、根系的秋季生长和树体营养积累有重要的作用。中、短梢叶片的形成历期较短,需40天左右,生长消耗营养物质少,光合产物积累早,对开花、坐果和花芽分化有重要作用。

由于梨树的中、短梢比例较大,因而整个叶幕形成快,积累早;梨的叶柄较长,叶片多呈下垂生长,所以叶面积系数相对较高。这两个特点奠定了梨树丰产的物质基础。

25. 梨树的结果特性是什么?

梨树以短果枝和短果枝群结果为主。秋子梨系统的品种有一定比例的腋花芽结果;白梨系统的在梨、雪花梨和金花梨等也有较强的腋花芽结果能力。

由于梨树的萌芽率高、成枝力低,因而 1 年生枝中、下部的芽大多可以发育成短枝。某些长势强旺的品种,通过采用拉枝、环剥等措施,也可以促发较多的短枝。这些短枝停止生长较早,叶片大,一般一类短枝有 6～7 片大叶,当年都可以形成花芽;二类短枝有 4～5 片大叶,成花率也较高。这两类短枝不仅容易成花,而且坐果率高,果个大,果实品质好。而只有 3 片左右小叶的三类短枝成花率较低,并且坐果少,品质差。梨树的结果年龄,因树种和品种而异。一般来讲,沙梨系统的品种结果较早,在定植后 3～5 年即开始结果,白梨和西洋梨需要 5 年左右,而秋子梨要在 5 年以上。

梨的自花结实率多数很低,多数品种需要配置授粉树。

26. 梨果实发育的规律是什么?

梨的花序为伞房花序,每花序有花 5～10 朵。开花时花序外围的花先开,中心花后开,先开的花坐果好。开花适温为 15℃以上,授粉受精适宜温度为 24℃左右。花期因地域、种类的不同而有差异,一般秋子梨系统的品种开花最早,白梨次之,沙梨再次之,而以西洋梨最晚。

梨的果实是由下位子房和花托共同发育而成的,整个生长发育期分为三个阶段,即第一迅速生长期、缓慢生长期和第二迅速生长期。第一迅速生长期在花后 30～40 天以内,主要是果肉细胞旺盛分裂,幼果体积迅速膨大;到 6 月上旬至 7 月中旬,果实体积增长减慢,果肉组织分化;从 7 月中下旬开始,果肉细胞开始迅速膨大,果实体积和重量迅速增加,进入第二迅速生长期,此时是影响产量的重要时期。

在花后 7～10 天，未受精的幼果会逐渐枯萎、脱落。到花后 30～40 天，如果营养不良，也会使果实停止发育，造成落果。

27. 梨树根系是如何生长发育的?

梨的根系发达，有明显的主根。须根较稀少。垂直根分布深度一般在 2～3 米左右的土层内，水平根分布一般为其冠径的 2～4 倍。初果期植株的根系集中分布在 20～40 厘米的土层内，距树干较近，在 1 米左右。在盛果期，植株的根系分布较深、较远。总之，梨树的根系以 20～60 厘米的土层中分布最多最密，80 厘米以下的根即少；水平根分布则近主干处，根系越密，树冠外一般根越少。根系分布的深度、广度和稀密程度，与品种、砧木种类、土质、土层厚度、土壤结构，以及地下水位、地势和栽培管理措施等方面有关。

在年生长周期中，梨的根系有两次生长高峰。早春，根系在萌芽前即开始活动，后随着温度的升高而逐渐转旺，在新梢进入缓慢生长期时，根系生长旺盛，开始了第一个迅速生长期，在新梢停长后达到高峰。后根系活动逐渐减缓，在采收后再次转入旺盛生长，形成第二个生长高峰，然后随着气温的逐渐下降而减慢，直至落叶进入冬季休眠后才基本停止。

影响根系生长活动的主要外界因素是土壤养分、温度、水分和空气。梨树根系有明显的趋肥性，土壤施肥可以有效地诱导根系向纵深和水平方向扩展，促进根系的生长发育。根系生长最适宜的土壤温度为 13℃～27℃，超过 30℃时生长不良甚至死亡。为保持土壤温度的相对稳定，可以采取果园间作、种草、覆草等措施。梨的根系生长还与树体贮藏养分密切相关。如果树体贮藏养分多，春夏根的发生量就多，吸收土壤养分的能力加强；反之，树体贮藏养分少，新根的发生量就少，吸收土壤养分的能力则弱。

第五章　梨栽培区划与选址建园

28. 我国梨栽培区域是如何划分的？

根据《中国果树志》第三卷（梨）与梨生产栽培分布情况，我国梨可划分为七个区：寒地梨区、干寒梨区、温带梨区、暖温带梨区、热带和亚热带梨区、云贵高原梨区和青藏高原梨区。

梨的生产区划主要有两个气象要素，即温度与降水。白梨适应范围的年平均气温为 8.5℃～14℃，其南限为年平均 15℃以上地区。沙梨适应范围的年平均气温为 15℃～23℃。秋子梨最耐寒（－30℃～－35℃），适宜栽培的年平均气温为 8.6℃～13℃，其南限为年平均气温 13℃，年平均温度高于 15℃的地区则不适宜生产栽培。对需水量而言，沙梨最需水，适应于年降水 1 000～1 800 毫米的地区；白梨、西洋梨则适应于年降水 600～900 毫米的地区；秋子梨可适应年降水 500～700 毫米的地区。

白梨、沙梨、秋子梨及西洋梨的种植区分为：①黄河流域以北、沿长城内外为秋子梨与白梨混交区，而以白梨为主；此线以北则为秋子梨栽培区。②黄河流域以南至长江流域以北为沙梨和白梨栽培混交区，以沙梨为主；黄河流域则为白梨主要栽培区。③长江流域及其以南地区为沙梨主栽区。④辽东、胶东两半岛则为西洋梨主要栽培区；黄河故道、新疆也有少量分布。

梨不同品种对生态条件的要求有很大差别。需要统一规划，选择适宜本地区发展的优良品种，形成整体优势，建立优质梨果生产基地。早熟梨多集中在长江流域各省，以江苏、浙江、湖北等省较多，而黄河流域各省栽培早熟梨，光照充足，昼夜温差大，果实品质较长江流域有显著提高。沙梨系统(如日本和韩国梨)适宜的地区为长江流域、西北和华北地区，特别适宜是陕西、山西、山东沿海地区。西洋梨原产夏干气候带，喜光、较耐旱，在夏湿气候区域栽培易出现生长旺、结果迟、病害严重、雨季高温红色消退等问题，最适栽培地区为胶东半岛、辽东半岛及黄河故道地区，特别是河南西部以西、以北的黄土区相对干旱、日照充足，较接近原产地的生态条件。北方干寒地区可发展库尔勒香梨、南果梨、锦丰梨和苹果梨等。

近年来，我国西部各省如陕西、甘肃、宁夏、新疆梨发展速度很快，主要品种为酥梨、日本和韩国梨、库尔勒香梨等。山西也大力发展酥梨生产，山东、辽宁等省发展日本和韩国梨较多。黄河流域以南的地区主要发展早、中熟梨，如黄花梨、幸水等。四川栽培最多的是金花梨。河北省逐步缩减鸭梨、雪花梨面积，黄冠、日本和韩国梨等品种发展较快。

29. 梨树对环境条件有哪些要求?

(1)温度　梨树在我国分布很广，性强，但不同种的梨，对温度要求不同。秋子梨最耐寒，可耐－30℃～－35℃低温。白梨系统可耐－23℃～－25℃低温，沙梨及西洋梨可耐－20℃左右低温。不同的品种亦有差异，如日本梨中的明月可耐－28℃，比同种梨耐寒。我国秋子梨系统产区生长季节(4～10月份)平均气温为14.7℃～18℃，休眠期平均气温为－4.9℃～－13.3℃；白梨和西洋梨系统产区生长季节平均气温为18.1℃～22.2℃，休眠期平均气温为－3℃～3.5℃；沙梨系统产区生长季节平均气温为15.8℃～26.9℃，休眠期平均气温为5℃～17℃；秋子梨、白梨和西洋梨喜暖温、冷凉气候，大多宜在北方栽培。白梨适应范围较广，西洋梨适应性较差。温度过高，亦不适宜，高达35℃以上时，生理即受障碍，因此白梨、西洋梨在年平均温大于15℃地区不宜栽培，秋子梨大于13℃地区不宜栽培。梨树的需寒期，一般为＜7.2℃的时数1 400小时，但树种品种间差异很大，鸭梨、在梨需469小时，库尔勒香梨需1 371小时，秋子梨的小香水需1 635小时，沙梨最短，有的甚至无明显的休眠期。

梨树一年当中，生长发育与气温变化的密切关系表现在物候期。梨树日均气温达到5℃时，花芽萌动，开花要求10℃以上的气温，14℃以上时开花较快。梨花粉发芽要求10℃以上的气温，24℃左右时花粉管伸长最快，4℃～5℃时花粉管即受冻。West Edifen认为花蕾期冻害危险温度为－2.2℃，开花期为－1.7℃。有人认为－1℃～－3℃花器就遭受不同程度的伤害。枝叶旺盛生长要在大于15℃以上的日均气温。梨的花芽分化，日均气温20℃以上为好。

温度对梨果实成熟期及品质有重要影响，一般果实在成熟过程中，昼夜温差大，夜温较低，有利于同化作用，有利于着色和糖分积累，果实品质优良。我国西北高原、南疆地区夏季昼夜温差多在10℃～14℃之间，所以自东部引进的品种品质均比原产地好。

(2)光照 梨树是喜光性果树，对光照要求较高。一般需要年日照时数在1 600～1 700小时之间，光合作用随光照强度的增强而增加。据研究，肥水条件较好的情况下，阳光充足梨树叶片可增厚，光合产物增多，果实的产量和质量均得到提高。树高在4米时，树冠下部及内膛光照较好，有效光合面积较大，但上部阳光很充足，亦未表现出特殊优异，这可能与光过剩和枝龄较幼有关。树冠下层的叶，对光量增加反应迟钝，光合补偿点低(约200勒克斯以下)。树冠上层的叶，对低光反应敏感，光合补偿点高(约800勒克斯)。下层最隐蔽区，虽光量增加，而光合效能却不高，因光饱和点亦低，这与散射、反射等光谱成分不完全有关。一般以一天内有3小时以上的直射光为好。

据日本对二十世纪梨研究，相对光量愈低，果实色泽愈差，含糖量也愈低；短果枝上及花芽的糖与淀粉含量也相应下降，果实小，即或翌年气候条件较好，果实的膨大也明显地差；认为全日照50%以下时，果实品质即明显下降，20%～40%时即很差。以树冠外到内光量递减，内层光照最弱，为非生产区，果个小，质量差。果实产量和质量最好的受光量是自然光量的60%以上，树冠中外层区间，受光最适宜，叶片光合产物增多，是高产和优质果的主要着生部位。梨树通风透光，花芽分化良好，坐果率高，个大，含糖量高，维生素C含量增加，酸度降低，品质优良，并有利于着色品种的着色。另外，光照充足还能使梨果皮蜡质发达和角质层增厚，果面具光泽，增强梨果的贮藏性能。

(3)水分　梨树喜水耐湿，需水量较多。梨形成1克干物质，需水量为353～564毫升，但品种间有区别。西洋梨、秋子梨等较耐干旱，沙梨需水量最多。如沙梨形成1克干物质需水量约为468毫升，在年降水量1 000～1 800毫米地区，仍生长良好。而抗旱的西洋梨仅为284～354毫升。白梨、西洋梨主要产在500～900毫米雨量地区，秋子梨最耐旱对水分不敏感。从日出到中午，叶片蒸腾速率超过水分吸收速率，尤其是在雨季的晴天。从午后到夜间吸收速率超过蒸腾速率时，则水分逆境程度减轻，水分吸收率和蒸腾率的比值8月下旬比7月上旬和8月上旬要大些。午间的吸收停滞，巴梨表现最明显。在干旱状况下，白天梨果收缩发生皱皮，如夜间能吸水补足，则可恢复或增长，否则果小或始终皱皮。如久旱遇雨，可恢复肥大直至发生角质明显龟裂。

一年中梨树的各物候期对水分的要求也不相同。一般而言，早春树液开始流动，根系即需要一定的水分供应，此时期若水分供应不足易造成延迟萌芽和开花。花期水分供应不足引起落花落果。新梢旺盛生长期缺水，新梢和叶片生长衰弱，过早停长，并影响果实发育和花芽分化，此期常被称为“需水临界期”。6～7月上旬梨树进入花芽分化期，需水量相对减少，如果水分过多，则推迟花芽分化，也会引起新梢旺长。果实采收前要控制浇水，以免影响梨果品质和贮藏性。

梨比较耐涝，但土壤水分过多，会抑制根系正常的呼吸和呼吸功能，在高温静水中浸泡1～2天即死树；在低氧水中，9天发生凋萎；在较高氧水中11天凋萎；在浅流水中20天亦不凋萎。在地下水位高，排水不良，孔隙率小的黏土壤中，根系生长不良。久雨、久旱都对梨生长不利，要及时灌水和排涝。

(4)土壤 梨树对土壤条件要求不很严格，适应范围较广。砂土、壤土、黏土都可栽培，但仍以土层深厚，土质疏松，地下水位较低，排水良好的砂壤土结果质量为最好。我国著名梨区大都是冲积砂地，或保水良好的山地，或土层深厚的黄土高原。但渤海湾地区、江南地区普遍易缺磷，黄土高原华北地区易缺铁、锌、钙，西南高原、华中地区易缺硼。梨适宜中性土壤，但要求不严，pH 5.8～8.5之间均可生长良好。不同砧木对土壤的适应力不同，沙梨、豆梨较耐酸性土壤，在pH 5.4时亦能正常生长；杜梨可以偏碱，在pH 8.3～8.5之间亦能正常生长结果。梨亦较耐盐，一般含盐量不超过0.25%的土壤均能正常生长，而在含盐量超过0.3%时，即受害。杜梨比沙梨、豆梨耐盐力强。

(5)其他因素 微风与和风有利于梨树的正常生长发育，风速过大，风势过强，超过梨树的忍耐程度，就会造成风害。早春大风加重幼树抽条，大风损伤树体、花器和造成落果等。

冰雹是北方主要自然灾害之一，特别是山区常受其害。冰雹对梨树造成的危害相当大，由此在建园时是重点加以考虑的因素。

30. 如何选址？

梨树比较耐旱、耐涝和耐盐碱，对土壤条件要求不严，在砂地、滩地、丘陵山区以及盐碱地和微酸性土壤上都能生长，但以在土层深厚、质地疏松、透气性好的肥沃砂壤土上栽植的梨树较为丰产、优质。一般而言，平原地要求土地平整、土层深厚肥沃；山地要求土层深度 50 厘米以上，坡度在 5°～10°之间；坡度越大，水土流失越严重，不利于梨树的生长发育。北方梨园适宜在山坡的中、下部栽植。梨树对坡向要求不很严格。盐碱地土壤含盐量不高于 0.3%，含盐量高，需经过洗碱排盐或排涝进行改良后栽植；沙滩地地下水位应在 1.8 米以下。

31. 如何进行园地规划？

园地规划主要包括水利系统的配置、栽培小区的划分、防护林的设置以及道路、房屋的建设等。

(1)水　水是建立梨园首先要考虑的问题，要根据水源条件设置好水利系统。有水源的地方要合理利用，节约用水；无水源的地方要设法引水入园，拦蓄雨水，做到能排能灌，并尽量少占土地面积。

(2)区域设计　为了便于管理，可根据地形、地势以及土地面积确定栽植小区。一般平原地每 1～2 公顷为一个小区，主栽品种 2～3 个；小区之间设有田间道，主道宽 8～15 米，支道宽 3～4 米。山地要根据地形、地势进行合理规划。

(3)栽植防护林　防护林能够降低风速、防风固沙、调节温度与湿度、保持水土，从而改善生态环境，保护果树的正常生长发育。因此，建立梨园时要搞好防风林建设工作。一般每隔 200 米左右设置一条主林带，方向与主风向垂直，宽度 20～30 米，株距 1～2 米，行距 2～3 米；在与主林带垂直的方向，每隔 400～500 米设置一条副林带，宽度 5 米左右。小面积的梨园可以仅在外围迎风面设一条 3～5 米宽的林带。

32. 梨树栽植密度是多少？

栽植密度要根据品种类型、立地条件、整形方式和管理水平来确定。一般长势强旺、分枝多、树冠大的品种，如白梨系统的品种，密度要稍小一些，株距 4～5 米，行距 5～6 米，每公顷栽植 333～500 株；长势偏弱、树冠较小的品种要适当密植，株距 3～4 米，行距 4～5 米，每公顷栽植 500～833 株；晚三吉、幸水、丰水等日本梨品种，树冠很小，可以更密一些，株距 2～3 米，行距 3～4 米，每公顷栽植 833～1 666 株。

栽培方式的差异：山东农业大学用乔砧梨树进行计划密植，早期密栽每 667 平方米 455 株，从第六年开始间移，最后每 667 平方米保留 111 株；河北省石家庄果树所采用了小冠单层半圆形整枝方式，鸭梨等品种每 667 平方米栽 67～83 株，获得成功。山东省威海市农牧局进行高度密植栽培的晚三吉梨，每 667 平方米 1 000 株，3 年生平均每 667 平方米产 4 798 千克；5 年生为 7 631 千克；10 年生累计每 667 平方米产 52 616 千克。国外不同整形方式的矮化砧西洋梨，栽植密度差异很大，如用“温勃”C 砧木的篱架型整枝，每 667 平方米 60～111 株，圆锥型每 667 平方米 150～416 株，篱壁型每 667 平方米 247 株。立地条件的影响：山地和瘠薄土壤以及干旱、多风地区，树体较小，可适当密植；反之，在温暖、雨量充分、土地肥沃的条件下栽植梨树，应适当稀些。

33. 如何配置授粉树？

大多数的梨品种不能自花结果，或者自花坐果率很低，生产中必须配置适宜的授粉树。授粉品种必须具备如下条件：①与主栽品种花期一致；②花量大，花粉多，与主栽品种授粉亲和力强；③最好能与主栽品种互相授粉；④本身具有较高的经济价值。几个品种的主要授粉品种见表 1。

表1　主栽品种与授粉品种一览表

主栽品种	授粉品种
鸭　梨	雪花梨、砀山酥梨、茌梨、胎黄梨、栖霞香水梨、秋白梨、胎黄梨、京白梨、锦丰梨
茌　梨	栖霞香水梨、鸭梨、砀山酥梨、莱阳秋白梨
雪花梨	鸭梨、砀山酥梨、茌梨、秋白梨、胎黄梨、锦丰梨
栖霞香水梨	茌梨、砀山酥梨、鼓梗梨、锦丰梨
黄县长把梨	黄县秋梨、雪花梨、砀山酥梨
砀山酥梨	鸭梨、雪花梨、砀山马蹄黄
苹果梨	雪花梨、鸭梨、茌梨、延边谢花甜、京白梨、锦丰梨、秋白梨、南果梨
锦丰梨	鸭梨、苹果梨、雪花梨、砀山酥梨、早酥梨
早酥梨	鸭梨、栖霞香水梨、黄县长把梨、锦丰梨、苹果梨、雪花梨
巴　梨	茄梨、伏茄梨、三季梨
秋白梨	鸭梨、雪花梨、蜜梨、香水梨、京白梨、茌梨
京白梨	蜜梨、秋白梨
蜜　梨	鸭梨、京白梨、雪花梨、秋白梨
晚三吉梨	菊水、太白、今村秋梨、长十郎、明月、二宫白
幸水梨	长十郎、晚三吉、菊水

一个果园内最好配置两个授粉品种，以防止授粉品种出现小年时花量不足。主栽品种与授粉树比例一般为 4～5∶1，定植时将授粉树栽在行中，每隔 4～5 株主栽品种定植一株授粉树；或4～5 行主栽品种，定植一行授粉品种。

34. 梨树栽植技术有哪些？

(1)栽植时期　梨树一般从苗木落叶后至翌年萌芽前均可定植。具体时期要根据当地的气候条件来决定。冬季没有严寒的地区，适宜采用秋栽。落叶后尽早栽植，有利于根系的恢复，成活率较高，翌年萌发后能迅速生长。华北地区秋栽时间一般在10月下旬至11月上旬。在冬季寒冷、干旱或风沙较大的地区，秋栽容易发生抽条和干旱，因而最好在春季栽植，一般在土壤解冻后至萌芽前进行。

(2)定植 定植前首先按照计划栽培密度确定好定植穴的位置，挖好定植穴。定植穴的长、宽和深度均要达到1米左右，山地土层较浅，也要达到60厘米以上。栽植密度较大时，可以挖深、宽各1米的定植沟。

回填时每穴施用50～100千克土杂肥，与土混合均匀，填入定植穴内。回填至距地面30厘米左右时，将梨苗放入定植穴中央位置，使根系自然舒展，然后填土，同时轻轻提动苗木，使根系与土壤密切接触，最后填满，踏实，立即浇水。栽植深度以浇水沉实后苗木根颈部位与地面持平为宜。

(3)提高成活率 春季定植时要在浇水后立即覆盖地膜，以提高地温，保持土壤墒情，促进根系活动。秋季栽植后要于苗木基部埋土堆防寒，苗干可以套塑料袋以保持水分，到春季去除防寒土后再浇水覆盖地膜。

第六章　梨果套袋管理技术

35. 梨果实袋的构造是什么？

梨套袋栽培始于日本，果实在袋内生长，可避光、透气、防水、防虫、防病，大大提高了果实的优质果率，提高了商品价值。梨果套袋栽培技术发展到今天，果袋的种类千差万别，但其基本的构造是相同的。梨果实专用袋，一般由袋口、袋切口、捆扎丝、丝口、袋体、袋底、通气放水口7部分构成。袋切口位于袋口单面中间部位，一般宽4厘米，深1厘米，便于撑开纸袋，由此处套入果柄，利于套袋操作，并使果实位于袋的中央部位。捆扎丝为长1.5～2厘米的20号细铁丝，用来捆扎袋口，能大大提高套袋效率。捆扎丝有横丝和竖丝两种，图1所示为竖丝。通气放水口大小一般为0.5厘米，其作用是使袋内空气与外界相通，以避免袋内空气温度过高、湿度过大，对果实生长发育造成不利影响。

另外，若袋口捆扎不严等原因不慎让雨水或药水进入袋内，可以由通气放水口流出，以免果实浸泡在水中。如果袋内温度高、湿度大，甚至果实下半部浸泡在雨水中，非但不能达到改善果实外观品质的效果，而且还会加重果实黑点、锈斑等的发生，甚至使果皮爆裂和果实腐烂。

36. 优质果袋的标准是什么？

商品纸袋是具有一定耐候性、透隙性及干、湿强度，一定的透光光谱和透光率及特定涂药配方的定型产品，具有遮光、防水、透气作用，使袋内湿度不致过高，温度较为稳定，且具有防虫、杀菌效果。正规商品纸袋的生产需经过果实袋专用原纸选择以及专用制袋机、涂布分切机、专用黏合剂的研制等一系列工作。

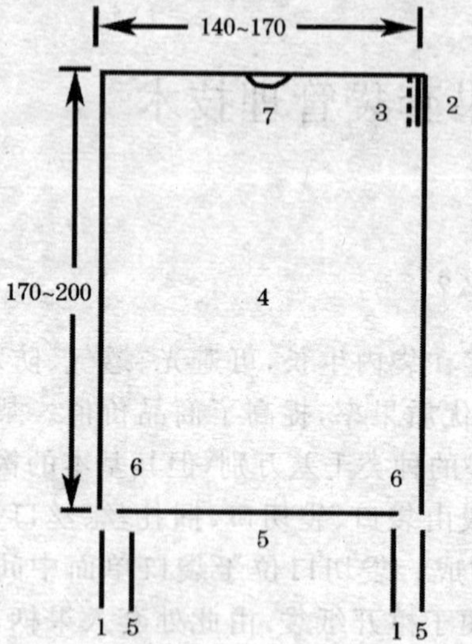

图 1　梨果实袋的构造(单位:毫米)

1. 袋口　2. 袋切口　3. 捆扎丝　4. 袋体　5. 丝口　6. 通气放水口　7. 袋底

果实专用袋用纸是决定果袋质量的重要因素,商品纸袋的用纸应为全木浆纸,机械强度大,经风吹、日晒、雨淋后不发脆、不变形、不破损。为防治果实病害和入袋害虫,纸袋用纸需经过物理、化学方法涂布杀虫、杀菌剂(特定杀虫、杀菌剂配方经定量涂布),在一定温度条件下产生短期雾化作用,抑制病、虫源进入袋内,侵染果实或杀死进入袋内的病、虫源。套袋后对果实外观质量影响最大的是果实袋的透光光谱和透光率,由纸袋用纸的颜色和层数决定。另外,纸袋用纸还影响袋内温、湿度状况,纸袋透隙性好,外表面颜色浅,反射阳光较强的果袋,其袋内湿度小,温度不致过高或升温过快,减轻对前期果实生长和发育的不良影响。为有效增强果实袋的抗雨水冲刷能力和减小袋内湿度,外袋和内袋均需用石蜡或防水胶处理。

正规厂家生产的果实袋,在包装箱上标有生产厂家、厂址、商标、产品规格型号、生产日期、数量、执行标准代号、生产商检人员代号、产品合格等标志。在梨、苹果、葡萄专用袋上都有相应的商标。一般正规厂家生产的果实袋,每 100 个一捆,用纸箱包装,每箱数量 2 000～6 000 个。

正规厂家生产的果实袋在纸质和纸张抗张度、纸张撕裂度、用纸规定时间浸水后的抗张度，应分别符合国家 GB/453－1989、GB/T455－1989、GB/T465－1989 测定法标准。

在制袋工艺上，无论是日本系列、台湾系列，还是国内厂家的改进型，在工艺要求上必须是：水果专用纸袋的糊缝线，应在底边及正面的左边或右边；成品纸袋上下各角应为 90°，无明显的直观差倾斜；果实袋的成品袋接缝处牢固，糨糊或粘胶不外溢，无污痕；纸袋具有高抗水、透气性，适应果实生长发育的要求，外表具光泽、牢固、不易破碎。

37. 梨果实袋有哪些种类？

按照果实袋的层数可分为单层、双层两种。单层纸袋只有一层原纸，重量轻，可有效防止风刮折断果柄，透光性相对较强，一般用于果皮颜色较浅，果点稀少且浅，不需着色的品种。双层纸袋有两层原纸，分内袋和外袋，遮光性能相对较强，用于果皮颜色较深以及红皮梨品种，防病的效果好于单层袋。

按照果实袋的大小有大袋和小袋之分，大袋套袋后一直到果实采收。小袋亦称“防锈袋”，套袋时期比大袋早，坐果后即可套袋，可有效防止果点和锈斑的发生，当幼果体积为小袋所容不下时即行解除（带捆扎丝小袋），带糨糊小袋不必除袋，随果实膨大自行撑破纸袋而脱落。小袋在绝大多数情况下用防水胶粘合，套袋效率高，但也有用捆扎丝的。生产中也有小袋与大袋结合用的，先套一次小袋，然后再套大袋至果实采收。

按照果实袋捆扎丝的位置可分为横丝和竖丝两种；若按涂布的杀虫、杀菌剂不同可分为防虫袋、杀菌袋及防虫杀菌袋三类。按袋口形状又可分为平口、凹形口及“V”形口，以套袋时便于捆扎、固定为原则。若按套用果实分类可分青皮梨果实袋和赤梨果实袋等，其他还有针对不同品种的果实袋以及着色袋、保洁袋、防鸟袋等。

日本已开发出针对不同地区、不同品种的各种果实专用袋。日本生产的梨果实袋主要有以下几种：①二十世纪袋。双层袋，外层为40～45克打蜡(3.5～4千克/令)条纹牛皮纸，内层为白色打蜡小绵纸，规格165毫米×143毫米，防虫、防菌。②赤梨袋。双层袋，外层为40～45克打蜡(3.5～4千克/令)条纹牛皮纸，内层为淡黄色打蜡小绵纸，规格165毫米×143毫米，防虫、防菌。③西洋梨袋，双层袋，外层为纯白离水加工纸，内层为透明蜡纸，规格有142毫米×172毫米和165毫米×195毫米两种，防虫、防菌。④单层袋，45克打蜡(5千克/令)条纹牛皮纸，规格为165毫米×143毫克，防虫、防菌。

我国对梨果实袋的研制与开发应用起步较晚。河北省农林科学院石家庄果树研究所研制出针对我国主要入袋害虫，如梨黄粉虫、康氏粉蚧等的A型和B型防虫袋，试验总结出六个不同配方，取得了良好的经济和社会效益。其中A型袋为黄色半透明，适用于果点较浅，果皮易变褐，采后易变色的品种。套袋果摘袋时呈浅绿色，贮后呈鲜黄色。B型袋为黄褐色，适用于果点较大而深，果皮不易变褐或者红色品种，如茌梨、锦丰梨、沙梨、赤梨等，套袋青皮梨摘袋时呈浅绿黄色，赤梨呈黄褐色或红褐色；B型袋套袋果宜采后即鲜销。

除正规商品纸袋外，由于经济利益的驱动，出现了许多个体自制的纸袋和无证经营的厂家生产的仿制袋，这些生产者无技术、资金和设备保证，生产的纸袋纸质低劣，往往不经过涂药、打蜡处理，使用过程中果实袋易硬化、破损，出现日灼、着色不均、果面粗糙等问题，但由于价格便宜，一些技术素质差的果农受其廉价的吸引大量购买使用，给果农和生态环境造成不应有的损失。

自制纸袋的应用。报纸袋可用纸质较好的旧报纸，用缝纫机缝制成规格为140毫米×180毫米的纸袋。为防止因雨水或药剂冲刷而破损，报纸袋可用石蜡处理或涂一层涩柿(或君迁子)油。自制的报纸袋对改善梨果实外观品质有较好的效果，但由于不具有防虫、杀菌功效，数年后极易诱发大量的入袋害虫，给防治工作带来一定困难。因此，套袋梨园不宜连续使用自制报纸袋，如果套用报纸袋则应加强对梨园入袋害虫的防治工作。另外，还有硫酸纸袋、微膜袋、不同颜色的塑料袋等。这些果实袋在生产中应用较少，且效果较差，一般情况下，不提倡生产应用。

38. 如何根据品种选择纸袋类型?

梨果实袋的质量在很大程度上决定套袋梨果的果实品质。不同种类的纸袋，袋内微环境(温度、湿度)有很大差异，从而对果实大小、果面色泽、果实含糖量等产生重要影响。例如，双层纸袋的内袋为石蜡纸的(低温潮湿型)，袋内环境温度较低，湿度较大，套袋果表现为果实大，果皮薄而软，果斑少，具光泽，果肉软，果汁多，但含糖量较低;以非石蜡纸作内袋的，袋内环境温度较高且干燥，果实较小，果皮厚而硬，果斑多，光泽差，肉质硬，果汁少，但含糖量较高。

目前，生产中纸袋种类繁多，梨品种资源丰富，各个栽培区气候条件千差万别，栽培技术水平各异。因此，纸袋种类选择的好坏直接影响到套袋的效果和套袋后的经济效益。

世界梨属资源异常丰富，栽培梨就有白梨、沙梨、西洋梨、秋子梨、新疆梨五大系统。因此，梨的皮色十分丰富，自然生产状态下梨果果实色泽大致可分为褐色、绿色、黄色和红色4种，其中绿色又有黄绿色、绿黄色、翠绿色、浅绿色等;褐色有深褐色、绿褐色、黄褐色;红色有鲜红色、暗红色等。对于外观不甚美观的褐皮梨而言，套袋显得尤其重要。

除皮色外，梨各栽培品种果点和锈斑的发生也不一样。如在梨品种群(以莱阳茌梨为代表)果点大而密，颜色深，果面粗糙，西洋梨则果点小而稀，颜色浅，果面较为光滑。因此，套袋前应根据品种、气候条件、果实形状、原果皮色泽、平均单果重、摘袋后要求的商品果皮色泽等选择相应的果袋。对于一个新袋种的出现应该先做局部试验，确定没有问题后再在生产中大面积推广应用。

(1)褐皮梨品种 褐皮梨品种宜一次性套外黄内黑的双层袋，套袋后，梨的皮色由褐色、粗糙变成淡褐色或褐黄色、细腻、洁净。

(2)绿色品种 绿色品种套袋后要求果面乳黄或金黄色的，应选择白色小蜡袋加外黄内黑的双层袋，第一次套小蜡袋，第二次套外黄内黑双层袋，相距时间一般为30～40天；商品果要求淡绿色的，可将二次套袋改为外黄内白或外黄内黄的双层专用袋，套袋后的梨果既保留了原品种的绿色色调或色相，又使果面细嫩、美观。据有的果农试验，要改成淡绿色者也可进行一次性套袋，即不套第一次小袋，直接套一次性外黄内黄、外黄内白大袋，时间应适当早一些。

日本JA全农生产的用作绿皮梨品种套袋用的小袋和大袋的种类、规格和特性见表2。

表2 绿皮梨品种套袋用的小袋和大袋种类(于绍夫等，2002)

种类	名称	特性	规格(毫米)
小袋	拨水 01－S. M	白色石蜡袋，含防治黑斑病药剂	小 71×64
	拨水 HC01－S	红棕色石蜡袋	中 81×70
	K01－S	白色石蜡袋	小 100×90
大袋	拨水 H55－L. M	外层为透明石蜡袋，内层为浅黄褐色纸袋，含防治黑斑病药剂	
	55－L. M	同上，但不含防治黑斑病药剂	中 165×143
	H65－L. M	外层为黄褐色纸袋，内层为透明石蜡袋，含防治黑斑病药剂	
	K65－L. M	同上，但不含防治黑斑病药剂	大 175×150
	65－L. M	同上	
	75－L. M	同上	

(3)黄色品种　如早生黄金、翠玉、琥珀、玛瑙等用高张度防水单层牛皮纸专用袋，就可以达到皮质细嫩的效果。有些商品价值高的也可采用外黄内白或外黄内黄的双层袋。

(4)红色品种　如紫巴梨、早红考蜜斯、红考蜜斯梨等品种，可套外黄内黑或外黄内红结构的双层专用袋，在采收前15～30天脱袋，即变成美丽娇嫩的鲜红色，果面细腻。

无论哪个品种，凡是进行二次套袋的，第一次的小蜡袋不必脱除，随幼果的生长发育，幼果膨大就会自然将小蜡袋撑开，留在大袋内对果实外观品质没有影响。

在生产中，应根据实际情况灵活应用。在订单农业中，客户对某个品种的皮色有特别要求的，也可根据实际情况变换套袋的种类。例如，要把绿皮梨品种变成黄或金黄色时，就要用二次套袋技术或改用外黄内黑的袋；如果客户对某个皮色光滑程度有严格要求时，就要将单层牛皮纸黄色专用袋改成外黄内白或外黄内黄的双重纸专用袋；若保持品种原色时，就要用透光性强的果实专用袋。

39. 如何根据立地条件选用袋型？

梨果实专用袋的选择也应考虑果园的环境气候条件。通常对日照强、通风透光良好的果园或山地果园，应选择纸袋颜色较浅的果实袋。平地果园，或多雨地区，尤其是连续降雨较多的地方，应特别注意排水孔要适当大些，而且纸袋的透气性应较好，且纸袋耐雨水冲刷。

40. 如何确定梨套袋时期？

梨果皮的颜色和粗细与果点和锈斑的发育密切相关。果点主要是由幼果期的气孔发育而来的，幼果茸毛脱落部位也形成果点。梨幼果跟叶片一样存在着气孔，能随环境条件(内部的和外部的)

的变化而开闭，随幼果的发育，气孔的保卫细胞破裂形成孔洞，与此同时，孔洞内的细胞迅速分裂形成大量薄壁细胞填充孔洞，填充细胞逐渐木栓化并突出果面，形成外观上可见的果点。气孔皮孔木栓化的时间一般从谢花后 10～15 天开始，最长可达花后 80～100 天，以花后 10～15 天后的幼果期最为集中。因此，要想抑制果点获得外观好的果实，可早一些套袋，一般从落花后 10～20 天开始套袋，在 10 天左右时间内套完，如果落花后 25～30 天才套袋保护果实，此时气孔大部分已木栓化变褐，形成果点，达不到套袋的预期效果。但如果套袋过早，纸袋的遮光性过强，则幼果角质层、表皮层发育不良，果实光泽度降低，果个变小，果实发育后期，若果个增长过快会造成表皮龟裂，变褐形成木栓层。

锈斑的发生是由于外部不良环境条件刺激，使表皮细胞老化坏死或内部生理原因造成表皮与果肉增大不一致而致使表皮破损，表皮下的薄壁细胞经过细胞壁加厚和木栓化后，在角质、蜡质及表皮层破裂处露出果面成为外观上可见的锈斑。锈斑也可从果点部位及幼果茸毛脱落部位开始发生，而且幼果期表皮细胞对外界强光、强风、雨、药液等不良刺激敏感，所以为防止果面锈斑的发生也应尽早套袋。套袋时期越长则锈斑面积越小，颜色越浅。因此，适宜的套袋时期对外观品质的改善至关重要，套袋时期越早，套袋期越长，套袋果果面越洁净美观。据冉辛拓研究结果表明，套袋期为 110 天以上、80 天和 60 天的果点指数平均为 0.18、0.23 和 0.475，分别相当于对照的 20.2％、25.8％和 53.4％；果色指数平均为 0.20、0.27 和 0.515，分别相当于对照的 22.6％、30.5％和 58.2％。

梨的多数品种锈斑的发生都在盛花后 4 周以内，应在谢花后的 3 周内果面未形成斑点前，结合疏果套好第一次小袋，是解决锈斑的关键措施。套大袋的最佳时间一般在套小袋后的 40 天左右，即在梨完成第一次生理落果后，褐皮梨品种只套一次双层袋，时间在 6 月下旬。

梨的不同品种果点和锈斑的发育时期不同，因此套袋时期应有区别。果点大而密、颜色深的锦丰梨、茌梨落花后 1 周即可套袋，落花后 15 天套完。为有效防止果实轮纹病的发生，西洋梨的套袋也应尽早进行，一般从落花后 10～15 天即可套袋。黄金梨等绿皮梨品种，应在盛花后 30 天以内，即谢花后 10～20 天果面未形成斑点时，结合第二次疏果套好小袋；第二次套大袋，应在第一次套小袋后 40～50 天进行。京白梨、南果梨、库尔勒香梨、早酥梨、光鸭梨等果点小、颜色淡的品种套袋时期可晚一些。

41. 梨果套袋方法是什么?

在严格疏花疏果和喷药后即可套袋。套袋时进一步选果，选择果形长、萼端紧闭的下垂边果，这样的果易长成大果而且由于有叶片遮挡阳光，可避免日灼现象的发生。选好果后，除去附着于蒂部的花瓣、萼片及其他附着物，因这些附着物长期附着会引起果实附着部位湿度过大形成水锈。套袋前 3～5 天将整捆纸袋用单层报纸包好埋入湿土中湿润袋体，也可喷水少许于袋口处，湿润袋口，有利于套袋操作和扎严袋口。梨果柄较长，因此套袋的具体操作方法与苹果不同。

为提高套袋效率，操作者可准备一围袋围于腰间放果实袋用，使伸手可及。取一叠果袋，袋口朝向手臂一端，有袋切口的一面朝向左手掌，用无名指和小指按住，使拇指、食指和中指能够自由活动。用右手拇指和食指捏住袋口一端，横向取下一枚果袋，捻开袋口，一手托袋底，另一只手伸进袋内撑开袋体，捏一下袋底两角，使两底角的通气放水口张开，并使整个袋体鼓起。一手执果柄，一手执果袋，从下往上把果实套入袋内，果柄置于袋口中间切口处，使果实位于袋体中部。从袋口中间果柄处向两侧纵向挤摺，把袋口叠折到果柄处，于丝口上方撕开将捆扎丝反转 90°，沿袋口旋转一周于果柄上方 2/3 处扎紧袋口。然后托打一下袋底中部,使袋底两通气放水口张开,果袋处于直立下垂状态。

为便于梨果套袋后的统一管理,最好全园套袋、全树套袋。若要部分套袋则要选择初盛果期的中庸或中庸偏强树,不要选择老弱树、虚旺树、病树、风口树和小老树等。对一株树而言,正南、西南方向的梨少套,以减少日灼果。选树体中部或中前部枝上的果;不套内膛果、枝背上果及外围梢头果;套壮枝壮台果,不套弱枝弱台果。

42. 梨果套袋操作应注意哪些问题?

确保幼果处于袋体中上部,不与袋壁接触,防止椿象刺果、磨伤、日灼以及药水、病菌、虫体分泌物通过袋壁污染果面。套袋过程中应十分小心,不要碰触幼果,不要用力过大,防止折伤果柄、拉伤果柄基部或捆扎丝扎得太紧影响果实生长或过松导致风刮果实脱落。袋口不要扎成喇叭口形状,以防积存雨水,要扎严扎紧,以不损伤果柄为度,防止雨水、药液流入袋内或病、虫进入袋内。另外,不要把叶片套进袋内。

套袋时应先树上后树下,先内膛后外围,防止套上纸袋后又碰落果实。纸袋运输时要防日晒雨淋,保管时应用塑料纸包好密封起来放于冷暗处,否则会严重降低果袋质量。用过的纸袋最好不要再次利用,因纸袋用过之后纸质变劣,药、蜡均已失效且上面附有虫卵、病菌等,再次利用易发生日灼、果面斑点、果面粗糙等问题。

套袋时尽量使果实在树体内分布均匀,一枝不可套袋过多,使果袋相互邻接。一个花序最好留单果,一个果袋只能套一个果,不可一袋套双果。套袋时间最好在一天中的 9～11 时、15 时至日落前,并避免在风雨天气操作。

43. 如何确定梨果摘袋时期？

套袋梨果含糖量有所下降，采前除袋能在一定程度上增加果实的含糖量，但效果不明显，而对于果点和果色却有明显影响，即采前除袋降低了套袋改善果实外观品质的效果。因此，对于在果实成熟期不需着色的梨品种应带袋采收，等到分级时再除袋，套袋梨果果皮比较细嫩，带袋采收可防止果实失水、碰伤果皮或污染果面。对于在果实成熟期需要着色的红皮梨品种，应在采收前20～30天除袋。

44. 梨果摘袋方法是什么？

为防止日灼，可先去外袋，将外层袋连同捆扎丝一并摘除，靠果实的支撑保留内层袋，过2～3个晴天后再去除（遇阴雨天需延长保留内袋天数）。保留内袋期间果实能通风和透光，同时又避免了强光直射，可使果实迅速适应外界环境而不致被阳光灼伤。

避免梨果日灼的发生，摘袋后果实由于阳光的照射，蒸腾作用散失水分降温不利，果实局部温度升温过快、过高而致灼伤。为防止日灼和有效促进着色，摘袋的时间应选晴天，最好在晴天果实温度已升高时进行，一般从上午10时到下午4时，午后2～4时摘袋发生日灼病最少，因为此时袋内外温度差别不大，果实温度较高，蒸腾作用较强。若上午10时之前或下午4时之后摘袋，由于果实温度较低，中午阳光直射果面时易导致果实温度迅速升高，发生日灼现象。上午摘袋重点摘除背阴面的果实，即树冠的东侧和北侧。若摘除向光面的果实，此时果实温度还未升到最高，去袋后中午阳光直射可能会发生日灼现象。下午摘袋可重点摘除树冠的南侧和西侧，因此时果实温度已升到一天中最高的温度且阳光已不是很强烈，不必担心发生日灼现象。摘袋操作都要按照先上后下，先内后外的操作顺序，动作要轻柔，最大限度地避免碰落和损伤果实，减少损失。

45. 梨纸袋如何再利用?

梨果采收后,果园内最多的垃圾便是废弃的果袋,果袋刚兴起时,由于技术不成熟,果实袋质量较差,用过之后不能再利用,对环境造成了污染也造成了极大的浪费。但随着果实袋生产技术的进步,正规厂家生产的果实袋在各项指标上均为果实袋的再利用打下了坚实的基础。果实采摘后,轻轻将完好的果实袋剥下,整平,统一贮藏,用1 000倍烯唑醇加500倍氧化乐果或菊酯类农药浸泡处理30分钟左右,然后晾干备用,翌年再利用。不但减少了环境的污染,也降低了果农的生产成本。

第七章　套袋梨树的花果管理技术

46. 梨树的落花落果是怎样造成的？

梨树的落花比较严重，有时可以达到80％左右。落花一般在开花后10天内发生，主要是授粉受精不良。由于梨树大多数品种属于异花结实，没有自花结果能力，必须有适宜的授粉品种为其授粉才能结果。当授粉品种不适宜、授粉树数量不足，或花期气候异常，如降雨、干热风和晚霜等，影响授粉昆虫的活动时，就不能很好地授粉受精，从而引起落花。树体营养不良、花芽瘦弱和晚霜冻花也是落花的原因之一。防止落花的主要措施是满足授粉受精条件，如选择适宜的授粉品种、配置足够的授粉树、梨园改接授粉品种、花期放蜂、人工授粉等。

落果一般在开花后30～40天发生，主要是树体营养不良引起的。梨树开花坐果期是消耗营养最多的时期。旺树营养物质主要供应树体生长，弱树本身营养不足，因而树体生长过旺或过弱都会造成营养不良而引起落果。此外，天气干旱、病虫害等也会引起落果。

防止落果的主要措施是增加树体营养贮备，减少萌芽、开花、坐果和新梢生长的养分消耗，早施基肥，及时追肥，合理负载。另外，梨树也有采前落果的现象，主要原因是品种特性、病虫危害、负载量过大，或者树势过旺过弱、大风等。生产中要注意适当留果、分期采收、加强防护等。

47. 人工辅助授粉的方法是什么？

人工授粉是指把授粉品种的花粉传递到主栽品种花的柱头

上，其中最有效、最可靠的方法是人工点授。人工授粉不仅可以提高坐果率，而且可使果实发育良好，果个大而整齐，从而提高产量与果实品质。因此，即使在有足够授粉树的情况下，仍然要大力推行人工授粉。目前，人工授粉已成为梨产区必用的栽培技术之一。

(1)采花 在主栽品种开花前2～3天，选择适宜的授粉品种，采集含苞待放的铃铛花。此时花药已经成熟，发芽率高，花瓣尚未张开，操作方便，出粉量大。采集的花朵放在干净的小篮中，也可用布兜盛装，带回室内取粉。花朵要随采随用，切勿久放，以防止花药僵干，花粉失去活力。另外，采花时注意不要影响授粉树的产量，可按照疏花的要求进行。

采集花朵时，要根据授粉面积和授粉品种的花朵出粉率来确定适宜的采花量。梨树不同品种的花朵出粉率有很大差别。山东昌潍农校研究测定了19个梨品种的鲜花出粉率，其中以雪花梨出粉量最大，每100朵鲜花可出干花粉0.845克(带干的花药壳)，晚三吉最低，100朵鲜花仅出干花粉0.36克，尚不足雪花梨的一半。按出粉量的多少排列，出粉多的品种有雪花梨、黄县长把梨、博山池梨、金花梨和明月梨等；出粉量少的品种有巴梨、黄花梨、晚三吉梨和伏茄梨等；而栖霞大香水梨、砀山酥梨、槎子梨、香花梨、锦丰梨、早酥梨、苍溪梨和鸭梨等出粉量居中。

总之，白梨系统的品种花朵出粉率较高，新疆梨、秋子梨和杂种梨品种花朵出粉率较低，而沙梨系统的品种居中。

(2)取粉 鲜花采回后立即取花药。在桌面上铺一张光滑的纸，两手各拿一朵花，花心相对，轻轻揉搓，使花药脱落，接在纸上，然后去除花瓣和花丝等杂物，准备取粉。也可利用打花机将花擦碎，再筛出花药，一般每千克梨树鲜花可采鲜花药130～150克，干燥后出带花药壳的干花粉30～40克。生产经验表明，15克带花药壳的干花粉(或5克纯花粉)可供生产3 000千克梨果的花朵授粉。取粉方法有3种。

①阴干取粉 也叫晾粉。将鲜花药均匀地摊在光滑干净的纸上，在通风良好、室温 20℃～25℃、湿度 50％～70％的房间内阴干，避免阳光直射，每天翻动 2～3 次，一般经过 1～2 天花药即可自行开裂，散出黄色的花粉。

②火炕增温取粉 在火炕上面铺上厚纸板等，然后放上光滑洁净的纸，将花药均匀地摊在上面，并放上一只温度计，保持温度在 20℃～25℃，一般 24 小时左右即可散粉。

③温箱取粉 找一个纸箱或木箱，在箱底铺一张光洁的纸，摊上花粉，放上温度计，上方悬挂一个 60～100 瓦的灯泡，调整灯泡高度，使箱底温度保持在 20℃～25℃，一般经 24 小时左右即可散出花粉。

干燥好的花粉连同花药壳一起收集在干燥的玻璃瓶中，放在阴凉干燥处备用。当取粉量很大时，也可以筛去花药壳，只留花粉，以便保存。保存于干燥容器内，并在 2℃～8℃的低温黑暗环境中。

(3)授粉 梨花开放当天授粉坐果率最高，因此要在有 25％的花开放时，抓紧时间开始授粉。据试验证明，八核胚囊于花果开放时才成熟，开放 6～7 小时后柱头出现黏液，并可保持 30 小时左右。因此，开花当天或次日授粉效果最好，花朵坐果率在 80％～90％；4～5 天后授粉，坐果率为 30％～50％；而开花以后 6 天再授粉，坐果率不足 15％。授粉要在上午 9 点至下午 4 时之间进行，上午 9 时之前露水未干，不宜授粉。另据林真二(1956)研究，授粉后 2 小时，部分花粉管进入花柱，降雨不影响授粉效果，但在 2 小时内降雨，不仅流失部分花(20％～50％)，还会使花粉粒破裂，丧失发芽力，因此，应重新授粉。同时要注意分期授粉，一般整个花期授粉 2～3 次效果比较好。授粉方法有 3 种。

①点授 用旧报纸卷成铅笔粗细的硬纸棒，一端磨细成削好的铅笔样，用来蘸取花粉。也可以用毛笔或橡皮头蘸取花粉。花

粉装在干燥洁净的玻璃小瓶内，授粉时将蘸有花粉的纸棒向初开的花心轻轻一点即可。一次蘸粉可以点授3～5朵花。一般每花序授1～2朵边花，优选粗壮的短果枝花授粉。剩余的花粉如果结块，可带回室内晾干散开再用。人工点授可以使坐果率达到90%以上，并且果实大小均匀，品质好。

②花粉袋撒粉　将花粉与50倍的滑石粉或者地瓜面混合均匀，装在两层纱布做成的袋中，绑在长竿上，在树冠上方轻轻振动，使花粉均匀落下。

③液体授粉　将花粉过筛，筛去花药壳等杂物，然后按每1升水加花粉2～2.5克、糖50克、硼砂1克、尿素3克的比例配制成花粉悬浮液，用超低量喷雾器对花心喷雾。注意花粉悬浮液要随配随用，在1～2小时内喷完。喷雾授粉的坐果率可达到60%以上，如果与0.002%赤霉素混合喷雾则效果更好，喷布时期以全树有50%～60%花朵刚开花时为宜，结果大树每株喷150～250毫升即可。

为保持花粉良好的生活力，制粉过程中要注意防止高温伤害，避免阳光直射，干好的花粉要放在阴凉干燥处保存；天气不良时，要突击点授，加大授粉量和授粉次数，以提高授粉效果。

48. 花期喷肥的种类有哪些？

在梨花期可喷施微肥或激素。在30%左右的梨花开放时，喷布0.3%硼砂，可有效地促进花粉粒的萌发；喷1%～2%的糖水，可引诱蜜蜂等昆虫，提高授粉效率；喷布0.3%尿素，可以提高树体的光合效能，增加养分供应。另外，据莱阳农学院试验，花期喷布0.002%赤霉素或100～200倍食醋，对提高茌梨坐果率有较好的效果。

49. 提高坐果的其他栽培管理措施有哪些？

(1)加强梨园综合管理水平　提高树体贮备营养水平，改善花器官的发育状况，调节花、果与新梢生长的关系，是提高坐果率的根本途径。梨树花量大，花期集中，萌芽、展叶、开花、坐果需要消耗大量的贮备营养。生产中应重视后期管理，早施基肥；保护叶片，延长叶片功能；改善树体光照条件，促进光合作用，从而提高树体贮备营养水平。同时，通过修剪去除密挤、细弱枝条，控制花芽数量，集中营养，保证供应，以满足果实生长发育及花芽分化的需要。

(2)及时灌水　萌芽前及时灌水，并追施速效氮肥，补充前期对氮素的消耗。

(3)合理配置授粉树　建园时，授粉品种与主栽品种比例一般为1∶4～5；而成龄果园授粉树数量不足时，可以采用高接换头的方法改换授粉品种；花期采用人工授粉、果园放蜂等措施，均可显著提高坐果率。

50. 梨树花期如何防冻？

虽然梨树休眠期抗寒性比较强，但在花期前后耐寒力比较差。茌梨在花序分离期若遇到－5℃的低温，可有15%～25%的花受冻。茌梨边花各物候期受冻的临界温度分别为：现蕾期－5℃，花序分离期－3.5℃，开花前1～2天－2℃～－1.5℃，开花当天－1.5℃。鸭梨比茌梨抗冻性稍强，各物候期受冻的临界温度比茌梨低0.3℃～0.5℃。我国北方地区梨树开花多在终霜期之前，很容易发生花期冻害，造成减产甚至绝产。因此，搞好花期防冻十分重要。

为防止冻害，建园时要避开风口及低洼地势；生产中加强管理，使树体生长健壮，提高抗冻能力；在预报发生霜冻以前，果园灌水，可延迟开花期，避开霜冻。霜冻发生时，可以在梨园点火熏烟，即在园内用柴草、锯末等做成发烟堆，每667平方米4～6堆，当凌晨3点左右气温降至0℃时点火生烟，可使气温提高1℃～2℃，减轻冻害。另外，树干涂白或喷布0.025%～0.05%萘乙酸钾盐溶液，对防止和减轻冻害均有较好的作用。

发生冻害后，要认真进行人工授粉，保证未受冻或受冻轻微的花能够开花坐果，尽量减少产量损失。也可以喷布0.005%～0.01%赤霉素溶液来提高坐果率，或者喷布0.0035%～0.005%吲哚乙酸溶液诱发单性结实。

51. 如何疏花疏果？

合理疏花疏果，可以节省大量养分，使树体负载合理，维持健壮树势，提高果品质量，防止大小年结果，保证丰产、稳产。

(1)疏芽 修剪时，疏除部分花芽，调整结果枝与营养枝的比例在1∶3.5左右，每个果实占有15～20片叶片比较适宜。

(2)疏花 疏花时间要尽量提前，一般在花序分离期即开始进行，至开花前完成。按照确定的负载量选留花序，多余花序全部疏除。疏花时要先上后下，先内后外，先去掉弱枝花、腋花及梢头花，多留短枝花。待开花时，再按每花序保留2～3朵发育良好的边花，疏除其他花朵。经常遭受晚霜危害的地区，要在晚霜过后再疏花。

(3)疏果 疏果也是越早越好，一般在花后10天开始，20天内完成。一般品种每个花序保留1个果，花少的年份或旺树、旺枝可以适当留双果，疏除多余幼果。树势过弱时适当早疏少留，过旺树适当晚疏多留。

如果前期疏花疏果时留果量过大，后期明显看出负载过量时，要及时疏果。后期疏果虽然比早疏果效果差，但相对不疏果来讲，不仅不会降低产量，相反能够提高产量与品质，增加效益。另外，留果量是否合适，要看采收时果实的平均单果重与本品种应有的标准单果重是否一致。如果二者接近，说明留果量比较适宜；如果平均单果重明显小于标准单果重，则表明留果量偏大，翌年要适当减少；相反，翌年要加大留果量。

52. 怎样计算梨负载量?

适宜的留果量,既要保证当年产量,又不能影响下一年的花量;既要充分发挥生产潜力,又能使树体有一定的营养贮备。因此,留花留果的标准应根据品种、树龄、管理水平及品质要求来确定。

(1)根据干截面积确定留花留果量　树体的负载能力与其树干粗度密切相关。树干越粗表明地上、地下物质交换量越多,可承担的产量也越高。山东农业大学研究表明,梨树每平方厘米干截面积负担 4 个梨果,不仅能够实现丰产、稳产,并能够保持树体健壮。按干截面积确定梨树的适宜留花、留果量的公式为:

$Y=4\times 0.08C^2A$

其中,Y 指单株合理留花、果数量(个);C 指树干距地面 20 厘米处的干周(厘米);A 为保险系数,以花定果时取 1.20,即多保留 20%的花量,疏果时取 1.05,即多保留 5%的幼果。

表 3　梨树不同干周下的适宜留花留果量

干周(厘米)	留花量(个)	留果量(个)
10	38	34
15	86	76
20	154	134
25	240	210
30	346	302
35	470	412
40	614	538
45	778	680
50	960	840
…	…	…

使用时，只要量出距地面 20 厘米处的干周，带入公式即可计算出该单株适宜的留花、留果个数。如某株梨树干周为 40 厘米，其合理的留花量$=4\times0.08\times40^2\times1.20=614.4\approx614$(个)，合理留果量$=4\times0.08\times40^2\times1.05=537.6\approx538$(个)。

为了使用方便，可以事先按公式计算出不同干周的留花、留果量标准，制成表格，使用时量干周查表即可(如表 3)。

(2)根据主枝截面积确定留花留果量 依主干截面积确定留花留果量，在幼树上容易做到。但在成龄大树上，总负载量如何在各主枝上均衡分配难以掌握。因此，可以根据大枝或结果枝组的枝轴粗度确定负载量。计算公式与上述相同。

(3)"间距法"疏花疏果 按果实之间彼此间隔的距离大小确定留花留果量，是一种经验方法，应用比较方便。一般中型果品种如鸭梨、香水梨和黄县长把梨等品种的留果间距为 20～25 厘米，大型果品种间距适当加大，小型果品种可略小。

第八章　套袋梨树的土肥水管理

53. 怎样改良土壤?

梨树对土壤条件要求不很严格,适应范围较广。砂土、壤土、黏土都可栽培,但仍以土层深厚,土质疏松,地下水位较低,排水良好的砂壤土结果质量为最好。我国主要梨产区,大都是冲积砂地,或保水良好的山地,或土层深厚的黄土高原。但渤海湾地区、江南地区普遍易缺磷,黄土高原华北地区易缺铁、锌、钙,西南高原、华中地区易缺硼。梨适宜中性土壤,但要求不严,pH 5.8～8.5 之间均可生长良好。不同砧木对土壤的适应能力不同,砂梨、豆梨较耐酸性土壤,在 pH 5.4 时亦能正常生长;杜梨可以偏碱,在 pH 8.3～8.5 之间亦能正常生长结果。梨亦较耐盐,一般含盐量不超过 0.25%的土壤均能正常生长,而在含盐量超过 0.3%时,即受害。杜梨比砂梨、豆梨耐盐力强。

(1)土壤改良的作用　梨园土壤深翻熟化,要求深翻达到 80 厘米左右,通气良好,含氧量 5%以上,有机质含量 1%左右。山地、丘陵要扩穴深翻,砂地园要抽砂换土,黏土梨园需客土压砂,深翻一般在晚秋至早春结合施有机肥进行。

深翻后一方面增强了土壤通气性,有利于土壤中微生物的活动,从而加速肥效的发挥。另一方面,打破土壤障碍层,扩大了根系的分布范围,对山丘薄地、有黏板层的黏土地及盐碱地尤为重要。通过深翻,深层土壤的根系因环境条件的改善而生长大大好转,由于深层土壤的温度、水分等比较稳定,深翻的根冬季仍活动,提高了果树的抗冻、抗旱能力。

(2)深翻时期 通常在果实采收前后结合秋施基肥进行秋季深翻。此时树体地上部分生长缓慢或基本停止，养分开始回流和积累，又值根系再次生长高峰，根系伤口易愈合，易发新根；深翻结合灌水，使土粒与根系迅速密接利于根系生长。因此，秋季是果园深翻的较好时期。但在干旱无浇水条件的地区，根系易受旱、冻害，地上枝芽易枯干，此种情况不宜进行秋季深翻。

在土壤解冻后及早进行春季深翻。此时地上部分尚处休眠状态，而根系刚开始活动，深翻后伤根易愈合和再生。从土壤水分季节变化来看，春季化冻后，土壤水分向上移动，土质疏松，操作省工。我国北方多春旱，翻后需及时浇水，早春多风地区蒸发量大，深翻过程中应及时覆土，保护根系。风大干旱和寒冷地区，不宜春季深翻。

在根系前期生长高峰过后，雨季来临前后进行夏季深翻。此时深翻后的降雨可使土粒与根系密接，不致发生吊根或失水现象。夏季深翻伤根易愈合，但如果伤根过多，易引起落果。结果期大树不宜在夏季深翻。

入冬后至土壤封冻之前进行冬季深翻。深翻后要及时添土，以防冻根；如墒情不好，应及时灌水，防止露风伤根；如果冬季雨雪稀少，翌年应及早春灌。北方寒冷地区多不宜冬季深翻。

(3)深翻方法 深翻深度以比果树根系集中分布层稍深为宜，一般在60～90厘米左右，尽量不伤或少伤直径1厘米以上的大根，因为梨树根系稀疏，伤断大根以后，恢复较慢。深翻的方法主要有如下几种。

①深翻扩穴 以栽植穴为中心，每年或隔年向外深翻扩大栽植穴，直到全园株行间全部翻遍为止。这种方法在山地、平地都可采用，对果园面积比较大、劳力少的情况下，更为适用。由于每次扩穴都要伤一部分根，为避免因伤根而影响梨树生长结果，这种方法多在幼树期使用。

②隔行深翻　隔1行深翻1行，分两次完成，每次只伤一侧根系，对果树影响较小。这种方法适用于初结果的梨园。

③全园深翻　对栽植穴以外的土壤一次深翻完毕。全园深翻范围大，只伤一次根。这种方法有利于平整园地和耕作。

另外，套袋梨园应结合浅锄及化学除草的方法消灭杂草，严防杂草丛生，否则有碍通风透光，消耗地力，且病虫滋生，果实品质变劣。浅锄后还有既免伤根系，又有利于土壤通气、提高地温和保墒等作用，是套袋梨园土壤管理的好办法。

54. 怎样合理间作？

幼龄果园可实行合理的间作，合理间作能充分利用梨树行间地面和阳光，种植适宜的经济作物，补偿和增加经济效益。相反，不合理间作，包括作物选择和间作宽度不适宜，会带来完全相反的结果。实行合理间作不但不会影响果树生长，而且可以防止杂草丛生，避免土地资源的浪费，提高无果幼树期的土地利用率，提高果园的经济效益。

间作要选择对果树根系影响较小，避开果树需能关键期的作物。行间间作物不能选择需肥水多或高秆的玉米、小麦、棉花、搭架蔬菜等作物。可选肥水较少而又低秆的各种瓜蔬类作物，如药材、黄豆、绿豆、蒜苗、土豆、西瓜、甜瓜、花生和洋葱等。豆科作物如花生、大豆、绿豆等根系具有根瘤菌，能够把空气中的氮气转化为植物可以吸收利用的氮素，从而具有培肥地力的作用，是果园首选的间作作物。另外，矮秆的地瓜、西瓜、草莓、葱、蒜等也可用于间作，但要加强土壤施肥和灌水，不但不妨碍果树生长，而且由于提高了土壤肥力，反而促进其生长。

茎秆较高的作物（如小麦、玉米、黄烟、谷子等）根系分布范围深广，吸肥吸水能力强，与果树争水争肥矛盾突出，地上部由于茎秆较高，影响果园通风透光，极大地妨碍果树生长，经济上得不偿失，因此应严禁选择这类作物进行间作。

另外，秋菜如白菜、萝卜等会引起秋天果树徒长，组织不充实，从而降低其抗寒力，不能正常越冬，应避免选择这类作物间作。应当注意的是，间作时要留足树盘，定植当年可留出1米宽的树盘，随树冠逐年扩大树盘也要扩大，树盘的面积不小于树冠的投影面积，树盘内不能种植间作作物。

总之，间作要以不妨碍果树生长为前提，当果树进入结果期，果园近于交接封行时应停止间作，留出作业道，以利疏花疏果、套袋、采果、喷药等作业。对间作物，要加强肥水管理和病虫害防治，以减轻梨树与间作物之间的争水争肥和病虫害相互传播的矛盾。

55. 怎样覆盖地膜？

梨园春季覆膜，正值果树根系第一次生长高峰，其作用是提高地温，抗旱保湿；秋季覆膜，于9月下旬至初冬施完基肥，正值果树根系第二次生长高峰和地面养分回流期，此时覆盖地膜，可以延缓地温下降，抗旱保湿，延长根系的生长活动期，明显增加果树的新梢数和总枝数。覆膜后还可提高秋施基肥效果，促进微生物活动，增加土壤有效养分，提高树体营养，防止叶片过早脱落，延迟有效叶片数的功能，有利于果树后期的养分积累。而且，秋覆地膜能有效防止和隔绝食心虫、金龟子和大灰象甲等害虫入地越冬，对减少翌年病虫害有明显效果。

春季覆膜对象是旱地和半坡地栽植的1～3年生幼树。地膜覆盖是加快幼树生长的主要措施，1～3年幼树必须覆膜。

覆膜前，应先把树冠下枝叶、杂草、砖块瓦片清理干净，土块耙碎耙细，做成平整的里低外高浅盘形状，以利集中雨水和浇水。当年栽植的幼树，可选用1～1.2平方米地膜，从一侧切口穿过树干，然后拉平，使其完全盖住树盘，紧贴地面，然后四周用细土压实，以防风吹；2～3年生树，先在树干两边做成1.2米宽的畦带，畦面要里低外高，平整压碎大土块。覆地膜后，用土压好两边和中间相接处，以确保覆膜质量和效果。

注意在5～8月份高温季节，如果不揭去地膜，必须用杂草和细土覆盖地膜，以免因地温过高影响浅层根系的生长。地膜覆盖果树，虽能起到提高地温和浇水后水分不易蒸发的作用，但弊病较多，表现在夏季随着地温的升高，覆膜后的土壤热量散不出去，加之农膜吸收热量提高了地温，根系会造成灼伤。另外，当根系周围水分耗尽时，由于膜的隔离，膜下土壤得不到雨水的补给，同样会影响根系的正常发育。

56. 穴贮肥水的方法是什么？

穴贮肥水简单易行，投资少，收效大，具有节肥、节水特点，一般可节肥30%，节水70%～90%。在土层较薄、无水浇灌溉条件的山丘地应用，效果尤为显著，是干旱果园重要的抗旱、保水技术。

(1)做草把　用玉米秸、麦秸或稻草等捆成直径15～25厘米、长30～35厘米的草把，要扎紧捆牢，在5%～10%尿素溶液中浸泡，备用。

(2)挖贮养穴　在树冠投影边缘向内50～70厘米处挖深40厘米、直径比草把稍大的贮养穴。依树冠大小确定贮养穴数量，冠径3.5～4米的挖4个；冠径6米的挖6～8个，围绕树根均匀分布。

(3)埋草把　把草把立于穴中央，周围用混加有机肥的土填埋踩实，每穴5千克土杂肥，混加150克过磷酸钙，50～100克尿素或复合肥，并适量浇水，每穴覆盖地膜1～1.5平方米，地膜边缘用土压严，中央正对草把上端穿一小孔，用石块或土堵住，以便将来追肥浇水。

(4)追肥　一般在花后(5月上中旬)、新梢停长期(6月中旬)和采果后3个时期，每穴追施50～100克尿素或复合肥，方法是：将肥料放于草把顶端，随即浇 水3～5升左右。进入雨季，即可将地膜撤除，使穴内贮存雨水。一般贮养穴可维持 2～3 年，草把应每年换一次，发现地膜损坏后应及时更换。再次设置贮养穴时应改换位置，逐渐实现全园改良。

57. 树盘覆草的方法是什么?

果园覆草适用于土壤贫瘠、土壤肥力差、受天气和温度影响较大的果园。果园覆草即用干、鲜草或收割后的农作物秸秆，如麦秸、玉米秸或树叶等覆盖物，切成 5 厘米左右，直接平铺在树盘内，每棵树的覆草量以树冠的投影面积为准，覆草厚度一般为 15～20 厘米，初次覆草厚度应在 25 厘米以上，一次覆草 2～3 年有效。

覆草能保蓄水分、疏松土壤，增加土壤表层的生态稳定性；覆盖物经分解后，产生大量的氮等营养元素，因而可提高土壤肥力、增加土壤有机质，改善土壤物理性状，增强树势，提高果树越冬抗寒能力；还能有效地改善生态小环境，控制日灼病和红蜘蛛等病虫害的发生；对盐碱地果园还可起到防止盐碱上升的作用。

58. 怎样进行果园生草?

果园生草可增加土壤有机质含量，改善土壤团粒结构，保持水土，是较为先进的土壤管理制度。

果园生草有全园生草(树盘除外)和行间生草两种方式。一般在肥水供应较充足的成龄树果园，采用全园生草；肥水供应条件差或幼龄果园，采用行间生草。草种最佳播种时期是春秋季，春播在 3 月下旬至 4 月气温稳定在 15℃以上时播种。秋季播种一般从 8 月中旬开始直至 9 月中旬。播种前，在果树行间翻地深 20～25 厘米，将地整平，使土壤湿润。可采用撒播或条播。条播地行间留 20 厘米，依果树行间距大小刨 1～2 条浅沟，深约 2 厘米，浇足底水并均匀撒播种子后覆盖浅土，然后覆盖地膜，7～10 天即可出苗。一般草种在幼苗期弱小，与杂草竞争力差，抵御不良气候的能力弱，在苗期要及时清除杂草，干旱时要及时施肥和浇水。

草种应选择豆科作物，如草木樨、田菁、毛叶苕子、沙打旺、豌豆和绿豆等。豆科作物喜磷，生草后应加大果园的磷肥施用量。翻压绿肥时应在绿肥养分含量最高的初花期至盛花期进行。过早鲜草产量低，过晚则植株老熟，不易腐烂分解。果园生草后的浇水，应改大水浸灌为行间灌溉。因此，播种前应注意在果树行间挖宽 0.5～1 米，深 20 厘米的浅沟，以利于成坪后浇水，消除因种草而形成的果园内水流慢、用水量大的缺点。

当草层高达 30～40 厘米时，在距地面 10 厘米左右刈割，刈割是生草后调节草与果树肥水矛盾的有效手段。根据草种和生长速度，全年刈割 3～5 次，割下的草可覆盖树盘或就地粉碎，覆盖地面。果园生草后每隔 2～3 年，结合果园施肥，将树盘外围草坪深翻 30 厘米，有条件的果园播后浇水，有利于草坪恢复。此项工作最好在雨季进行。生草 5～7 年后，草已老化，应及时耕翻，把草层翻入地下，休闲 1～2 年，重新播种生草。

果园生草应注意控制杂草。种草当年，要加强管理，保证出苗整齐，及时清除杂草，使草尽快覆盖地面。果园生草后，果树与草存在争夺肥水的问题。可选择浅根性的豆科和禾本科草，并在草旺长期进行适当补水、补肥，当旱季来临时，及时割草覆盖，减少蒸腾。果园生草第二年，要严格控制草的高度，定期刈割覆盖，每隔 2 年左右进行草坪局部更新，5 年左右全园更新深翻，这样可基本解决土壤通透性问题。

另外，果园生草为害虫提供食料和掩蔽场所，有时会加重病虫害发生，如腐烂病发病率高。腐烂病发病率与树盘下草高呈正比。因此，要及时刈割高草，使草高保持在 40 厘米以下，但果园生草也有利于滋生和保护天敌，在一定程度上也可减轻病虫害发生。因此，果园生草对防治果园病虫害有利有弊。

59. 套袋梨树的需肥特点是什么?

充足的肥料营养、适宜的养分比例和适期的肥料供给是保证梨树优质高产的物质基础。肥料包括有机肥和无机肥。优质的有机肥,一方面能增加土壤有机质,提高土壤的保水保肥能力;另一方面,有机肥施入土壤内经微生物的分解,可不断释放出各种养分供梨树吸收利用,所以肥效长而稳定。有机肥养分含量全,肥效缓慢,但营养元素种类比较多,特别是各种微量元素,对改善梨果品质、提高产量都有明显的作用。另外,有机肥在其分解过程中能形成腐殖酸、有机酸和各种活化酶、激素和抗生素等,不仅能调节土壤酸碱度,而且能螯合土壤中各种有害物质,减少梨树受害。溶解土壤中难溶的钙、铁、锌、硼等元素,提高其利用率,从而减少缺素症发生。

无机肥(我们常说的化肥)在梨树生产中所起的作用也是非常重要的。化肥属速效性肥料,能迅速补充土壤养分以满足梨树生长发育对养分的大量需要。适期适量的追肥,特别是氮、磷、钾大量元素肥料的合理施用,对增强梨树叶片光合作用、促进光合产物的运输和转化,提高梨树抗性都有积极的作用,是梨树高产的先决条件。有机肥和无机肥的科学合理供给不仅能提高梨树的产量,也能提高梨树抗性,减轻病害,还能提高梨果的品质。

梨树所需的矿质元素有 N、P、K、Ca、Mg、S、Fe、Zn、B、Cu、Mn 等 11 种必需元素。这些元素各自的作用不同,需要量不等,但它们所起的作用同等重要,不可代替。缺少任何一种都会表现出相应的缺素症,从而直接影响梨树生长发育以及梨果的产量和品质。对这 11 种必需的营养元素,需求量差异很大。梨树需求量最大、对梨树生长发育表现最明显的有氮、磷、钾三种。大量元素所需比例一般为 N∶P∶K 等于 1∶0.5∶1。微量元素需求较少,但缺乏时易出现缺素症。任何一种元素都要适量供应,过多或过少都会出现肥害或缺素症。例如，氮素供应过多时，枝条易徒长，树体过旺结果晚；磷肥过多时，会影响锌的吸收；缺铁时产生黄化病；缺锌时易产生小叶病等。解决此类问题的最好方法是合理施肥，要以有机肥料为主。有机肥料养分全面，能活化土壤中的微生物，有利于土壤中各种养分的分解矿化，稳定供应树体。

60. 套袋梨树的需肥规律是什么?

梨树在一年的生长发育过程中，主要需肥时期是在萌芽生长和开花坐果、幼果生长发育和花芽分化、果实膨大和成熟这 3 个主要时期。在这 3 个时期中，应根据不同器官生长发育，按其需肥特点，及时供给必要的营养元素和微量元素。

(1)萌芽生长和开花坐果期　春季萌芽生长和开花坐果几乎同时进行，由于多种器官建造和生长，消耗树体养分较多。一般情况下，前一年树体内贮藏养分充足，翌年春季萌芽整齐，生长势较强，花朵较大，坐果率较高，对果实继续发育和改善品质都有重要影响。如果前一年结果过多，病虫危害或未施秋肥，则应在萌芽前后补施以氮为主的速效肥料，并配合浇水，以利于肥料溶解和吸收，供给生长和结果的需要，促进新梢生长、开花坐果和为花芽分化创造有利条件。

(2)幼果生长发育和花芽分化期　是指坐果以后，果实迅速生长发育，北方此时大约在 5 月上旬至 6 月上旬，此时发育枝仍在继续生长，同时果实细胞数量增加，枝叶生长处于高峰，都需要大量营养物质供应。否则，果实生长受阻而变小，枝叶生长减弱或被迫停止。这一时期树体养分来源是树体原有贮存养分和当年春季叶片本身制造的养分，共同供给幼果生长发育的需要。由此可见，强调前一年采果后尽早秋施有机肥，配合混施速效性氮肥和磷肥，对翌年春季营养生长，开花坐果和幼果生长发育，是很有必要的。此时，也已进入花芽分化期，施肥有利于花芽形成。

(3)果实膨大和成熟期 这一时期约为8月至9月中旬。由于果实细胞膨大,内含物和水分不断填充,果实体积明显增大,淀粉水解转化为糖和蛋白质分解成氨基酸的速度加快,糖酸比明显增加。同时,叶片的同化产物送至果实,使果实品质和风味不断提高。此期是改善和增进果实品质的关键时期。如果施氮过多或降水、灌水过多,均可降低果实品质和风味。调查结果表明,后期控制氮肥用量,果实中可溶性固形物有较大幅度提高。叶是果实中糖和酸的重要来源,叶面积不足或叶片受损,均可降低果实中糖酸含量和糖酸比而影响果实风味。提前采果不仅影响果实大小和重量,而且对果实中可溶性固形物和含糖量也有明显影响。所以,为获得优质果实和丰产,应特别注意果实膨大期至成熟期前控制过量氮肥和灌水,保护好叶片和避免过早采收。

(4)微量元素的吸收 梨树对氮、磷、钾的需求比例大致为1∶0.5∶1。梨树对微量元素的吸收量尽管很少,但不可缺乏和替代。尤其是硼、锌、铁三种营养元素,在生产当中常常表现出缺素症且比较普遍。

61. 如何增施基肥?

基肥是梨树一年中较长时期供应果树养分的基本肥料,通常以迟效性的有机肥料为主,肥效发挥平稳而缓慢,可以不断为果树提供充足的大量元素和微量元素。有机肥料以有机质为主,如纤维素、半纤维素、脂肪、蛋白质、氨基酸及腐殖酸等,还含有氮、磷、钾、硫、钙、镁及微量元素等各种矿质养分,是一种完全肥料。增施有机肥,可增加土壤有机质和平衡土壤养分供给,不仅能增强土壤保水保肥能力,还能提供梨树生长所需要的各种营养。有机肥虽然养分含量低,但可调节土壤养分,提高土壤肥力,可源源不断地供给梨树生长需要肥料,是实现优质高产的基础。常用作基肥的有机肥种类有:腐殖酸类肥料、圈肥、厩肥、堆肥、粪肥、饼肥、复合肥以及各种绿肥、农作物秸秆和杂草等。基肥也可混施部分速效氮素化肥，以增快肥效。过磷酸钙等磷肥直接施入土壤中常易被土壤固定，不易被果树吸收，为了充分发挥肥效，宜将其与圈肥、人粪尿等有机肥堆积腐熟，然后作基肥施用。

(1)基肥施用时期与作用　基肥施用的最适宜时期是在秋季，一般在果实采收后立即进行。此时正值根的秋季生长高峰，吸收能力较强，伤根容易愈合，新根发生量大。加上秋季光照充足，叶功能尚未衰退，光合能力较强，有利于提高树体贮藏营养水平。同时，秋施基肥，由于土壤温度比较高，能够充分的腐熟，不仅部分被树体吸收，而且早春可以及时供树体生长使用。而落叶后施用基肥，由于地温低，伤根不易愈合，肥料也较难分解，效果不如秋施；春季发芽前施用基肥，肥效发挥慢，对果树春季开花坐果和新梢生长的作用较小，而后期又会导致树体生长过旺，影响花芽分化和果实发育。

(2)基肥施用方法　为使梨树根系向深广方向生长，扩大营养吸收面积，一般在距离根系分布层稍深、稍远处施基肥，但距离太远会影响根系的吸收。基肥的施用方法分为全园施肥和局部施肥。成龄果园，根系已经布满全园，适宜采用全园施肥；幼龄果园宜采用局部施肥。局部施肥根据施肥的方式不同又分为环状施肥、放射沟施肥和条沟施肥等。

①全园施肥　方法是将肥料均匀撒施于梨园内，然后再结合秋耕翻入土中。施肥范围大，效果较好，但因施肥深度较浅，易导致根系上翻。多用于成龄果园和密植果园。

②环状沟施肥　方法是在树冠外围稍远处挖一环形沟，沟宽50厘米、深60厘米，将肥料与土混合施入。开沟部位随根系的扩展，逐年外移，可以与果树扩穴结合进行。缺点是容易切断水平根。多用于幼龄果园。

③放射沟施肥　从树冠下距树干1米左右处开始，呈放射状

向外挖 6～8 条内浅外深的沟。沟宽 20 厘米、深 30 厘米左右，长度可到树冠外缘。沟内施肥后覆土填平。此法与环状沟施肥相比，施肥面积较大，伤根较少。要注意隔年变换挖沟位置，扩大施肥面。

④条沟施肥　在梨树行间、株间或隔行开沟，施入肥料，也可结合果园深翻进行。缺点是伤根多。

无论采用什么方法施肥，都要注意将肥料与土混合均匀，避免伤及大根。挖沟后要及时施肥、覆土、浇水，防止根系抽干。

62. 如何科学使用肥料？

梨树栽培要达到产量高、品质优，在施肥上应掌握以下几个原则：以有机肥为基础，大量元素和微量元素配合使用，测土配方施肥，根据不同品种培肥地力，实现优质、高产、高效之生产目的。

果树根系从土壤中吸收其生长发育所需的各种营养元素，自然条件下土壤中营养元素一般不足，特别是氮素营养，因此施肥是提高土壤肥力状况，改善土壤结构的重要手段，是套袋梨园地下管理的核心内容，是果树壮树、丰产、优质的关键措施。施肥应根据土壤中各种营养元素的丰缺状况及果树的需肥规律合理施入。因此，以有机肥料为主，努力做到配方施肥，发挥施肥对壮树、丰产、优质的最大效果。发达国家一般具有施肥指导中心，对不同地块，不同树种、品种的果园进行土壤和树体营养诊断，从而确定施肥方案。我国果农施肥多凭经验，因而施肥的种类、数量、时间和方法上都具有很大的盲目性，往往造成施肥单一，数量过多或偏少，施肥时间把握不准等问题，不仅浪费肥料，达不到施肥效果，而且对土壤结构状况造成不良影响甚至会造成肥害。

测土配方施肥是以土壤测试为基础，根据作物需肥规律、土壤供肥性能和肥料效应，在合理施用有机肥的基础上，补充氮、磷、钾及微、大量元素的施用量、施用时间和施用方法。测土是科学施肥的基础和依据。通过测土，才能充分掌握土壤速效养分含量情况、有机质的含量高低、土壤的保水、保肥能力。土壤速效氮、磷、钾反映土壤大量元素供给情况，是决定产量的重要因素。土壤 pH 值反映了提供微量元素的情况和能力。土壤呈微酸性则微量元素有效性高，生产中可适当少施用微量元素肥料。土壤呈碱性则微量元素有效性低，生产中要适当多施微量元素肥料。

63. 肥料污染有哪些危害？

随着经济的发展，大量肥料的使用在提高梨果品产量的同时，也给农业生产带来了环境和果品的污染。

(1)氮肥的污染　梨园中长期大量使用的氮肥，特别是大量使用铵态氮肥，铵离子能够置换出土壤胶体上的钙离子，造成土壤颗粒分散，从而破坏土壤的团粒结构。硫酸铵和氯化铵等生理酸性肥料使用过多会导致土壤微生物的区系改变，促使土壤中病原菌数量增多。但肥料中的氨素的挥发以及硝化，反硝化过程中排出了大量的二氧化氮，对动植物会造成程度不同的伤害。氮肥的长期过量使用，可增加土壤中的硝酸盐含量，对人体健康造成一定程度危害。

当氮肥的用量超过梨树需求量时，在降雨和灌溉的条件下可以通过各种渠道进入湖泊、河流，从而造成水体富营养化及污染地下水。

(2)磷肥的污染　磷肥中含有镉、氟、砷、稀土元素和三氯乙醛，过多使用会影响植物对锌、铁元素的吸收。同时磷肥亦是土壤中有害重金属的一个重要污染源，磷肥中含铬量较高，过磷酸钙中含有大量的铬、砷、铅、磷矿石中还有放射性污染物，如铀、镭等。磷肥过量施用，可通过各种渠道进入湖泊、河流，从而造成水体富营养糊及地下水污染。劣质磷肥中的三氯乙醛进入水体成为水合三氯乙醛可直接污染水体。

(3)钾肥的污染 钾肥过量施用会使土壤板结，并降低土壤的pH值，从而影响梨树生长。氯化钾中氯离子对果品的产量和品质均能造成不良影响。

(4)部分有机肥的污染 在梨树生产过程中，土壤施用有机肥，可以培肥地力，从而提供梨树营养，促进梨果生产。但部分有机肥料如厩肥、人粪尿等含多种有害微生物，如细菌、霉菌、寄生虫等及其产生的毒物，易造成环境的污染。

64. 如何确定施肥量？

确定合理的施肥量，要依据树龄、土壤状况、立地条件以及肥料种类和利用率等方面来考虑，做到既不过剩，又能充分满足果树对各种营养元素的需要。叶分析是一种确定果树施肥量的比较科学的方法，当叶分析发现某种营养成分处于缺乏状态时，就要根据缺乏程度及时进行补充。鸭梨的主要叶营养诊断指标见表4。另外，还可以根据树体的需要量减去土壤的供应量，然后再考虑不同肥料的吸收利用率来确定施肥量。计算公式为：

$$理论施肥量=\frac{树体需要量-土壤供给量}{肥料利用率}$$

表4 鸭梨的主要叶营养诊断指标

元 素	标准值	变动范围
氮(%)	2.03	1.93～2.12
磷(%)	0.12	0.11～0.13
钾(%)	1.14	0.95～1.33
钙(%)	1.92	1.74～2.09
镁(%)	0.44	0.38～0.49

续表 4

元　素	标准值	变动范围
铁(毫克/千克)	113	95～131
锰(毫克/千克)	55	48～61
锌(毫克/千克)	21	17～26
硼(毫克/千克)	21	17～26
铜(毫克/千克)	16	6～26

一般而言，每生产 100 千克梨果，需要吸收纯氮(N)0.47 千克、纯磷(P_2O_5)0.23 千克、纯钾(K_2O)0.47 千克；这三种元素的土壤天然供给比例分别为 1/3、1/2 和 1/2；肥料利用率分别为 50%、30%和 40%；果园各种常用肥料，可根据计划产量估算出所需要的施肥量。

在生产中，多凭经验和试验结果确定施肥量。从华北、辽宁梨区高产典型施肥情况看，每生产 100 千克梨果，需要施用优质猪圈粪或土杂肥 100～150 千克、尿素 0.5 千克、过磷酸钙 2 千克、草木灰 4～5 千克，生产中可以根据产量指标计算施肥量。确定好全年施肥量以后，基肥按照全年施肥量的 50%～60%施用，追肥总量按 40%～50%施用。

65. 如何根据梨树对肥料的吸收时期施肥？

(1)氮的吸收　梨树对氮的需求，全年最大的需求量在 4～5 月份，也就是新梢、叶片和幼果的生长期，以有机氮为主。另外，果实采收后，对氮的吸收又有所增加，这就是我们常说的第二次吸收高峰。此时，吸收的氮有助于恢复叶功能，制造有机营养回流到根系，促进根系的生长并将营养贮存在树体内，以备翌年春季开花、坐果用。氮肥用量要按照每生产 100 千克梨果供给纯氮 1 千克以上。

(2)钾的吸收 钾的吸收与新梢、果实生长有密切关系。在结果树上,钾在7～8月份的吸收量骤增,以促进碳水化合物的合成、积累、运输和转化,改善梨果的外观品质和食用品质,同时也增强树体的抗逆性和果实的内、外品质。钾肥供给不足梨果质量差,所以钾肥用量要按照每生产100千克梨果供给纯钾1千克以上。

(3)磷的吸收 磷的吸收量比氮、钾少,其吸收高峰在每年的4～6月份,生长后期吸收较均匀,吸收量较少。因此,前期缺乏,后期加倍弥补也难以挽回前期缺乏造成的损失。所以,磷肥要提早施用,按照梨果的生长发育吸肥规律,每生产100千克梨果供给纯磷0.5千克以上。

磷和钾肥在土壤中移动性差,生产中磷肥最好与有机肥混用,如果不能混用,也必须均匀地深施、早施。只有这样才能最大限度地发挥其作用。

66. 如何确定追肥时期与方法?

追肥是在施足基肥的基础上,根据梨树各物候期的需肥特点补给肥料。由于基肥肥效发挥平稳而缓慢,当果树急需肥料时,必须及时通过追肥补充,才能既保证当年壮树、高产、优质,又为翌年的丰产奠定基础。

追肥主要追施速效性化肥。梨园追肥常用的肥料种类有:氮肥(如尿素、硫酸铵、硝酸铵、碳酸氢铵等)、磷肥(如过磷酸钙、钙美磷肥等)、钾肥(如硫酸钾、氯化钾、硝酸钾、草木灰等)、多元素复合肥(如磷酸铵、磷酸二氢钾以及三元复合肥等)、微量元素肥料(如硫酸亚铁、硼酸、硼砂、硫酸锌等)以及果树专用肥。

追肥的时期和次数与品种、树龄、土壤及气候有关。早熟品种一般比晚熟品种施肥早,次数少;幼树追肥的数量和次数宜少;高温多雨或沙地及山坡丘陵地,养分容易流失,追肥宜少量多次。一般梨树在年周期中需要进行如下几次追肥。

(1)花前追肥　发芽开花需要消耗大量的营养物质，主要依靠上年的贮藏营养供给。此时树体对氮肥敏感，若氮肥供应不足，易导致大量落花落果，并影响营养生长。所以，追施以氮为主、氮磷结合的速效性肥料。一般初结果树，株施尿素0.5千克，盛果期树，株施尿素1～1.5千克。

(2)花后追肥　落花后坐果期是梨树需肥较多的时期，应及时补充速效性氮、磷肥，促进新梢生长，提高坐果率，促进果实发育。一般初结果树，株施磷酸二铵0.5千克，盛果期树，株施1千克。

(3)花芽分化期追肥　此时中、短梢停止生长，花芽开始分化，追肥对花芽分化具有明显促进作用。此期追肥要注意氮、磷、钾肥适当配合，最好追施三元复合肥或全元素肥料。一般株施三元复合肥1～1.5千克，或果树专用肥1.5～2千克。

(4)果实膨大期追肥　此时果实迅速膨大，追肥主要是为了补充果树由于大量结果而造成树体营养亏缺，增加树体营养积累。此期宜追施氮肥，并配合适当比例的磷、钾肥。

以上只是说明追肥的时期和作用，并不一定各个时期都要追肥，而是要本着经济有效的原则，因树制宜，合理施用。一般弱树要抓住前两次追肥，促进新梢生长，增强树势；而旺树则要避免在新梢旺长期追肥，以缓和树势，促进花芽分化。

(5)追肥方法　土壤追肥一般采用放射状沟施或环状沟施，方法与施基肥相似，但开沟的深度和宽度都要稍小。另外，可以采用灌溉式施肥，即将肥料溶于水中，随灌溉施入土壤。一般与喷灌、滴灌相结合的较多。灌溉式施肥供肥及时而均匀，肥料利用率高，既不伤根，又不破坏土壤结构，省工省力，可以大大提高劳动生产率。

67. 根外追肥种类和方法有哪些?

根外施肥就是将肥料直接喷到叶片或枝条上，方法简单易行，肥效快,用肥量小,并且能够避免某些元素在土壤中的固定作用,可及时满足果树的急需。另外,由于营养元素在各类新梢中的分布比较均匀,因而有利于弱枝复壮。根外追肥虽有许多优点,但不能代替土壤施肥,大部分的肥料还是通过根部施肥供应。各种肥料根外施用时的浓度及时期如表5所示。

根外追肥最适宜的气温为18℃～25℃,湿度稍大效果较好,所以喷施时间一般在晴朗无风天气的上午10点以前和下午4点以后。一般喷前应先做试验,确定不能产生肥害后,再大面积喷施。

表5 各种肥料根外施用时的浓度及时期

肥料名称	水溶液浓度(%)	喷施时期	施用目的
尿素(氮) 硝酸铵(氮) 硫酸铵 磷酸铵(磷、氮)	0.3～0.5 0.1～0.3 0.1～0.3 0.3～0.5	萌芽期至采果后	促进生长,提高叶质,延长叶片寿命,增加光合效能,提高坐果率,增加产量,促进花芽分化
过磷酸钙(磷) 氯化钾(钾) 硫酸钾(钾) 草木灰(钾、磷) 磷酸二氢钾(磷、钾)	1～3 0.3 0.5～1 2～3 0.2～0.3	新梢停长、果实膨大至采收前	提高光合能力,促进花芽分化,提高坐果率,提高果实含糖量,增强果实耐藏性和树体抗寒力
硼砂(硼) 硼酸(硼)	0.1～0.25 0.1～0.5	萌芽前、盛花期至9月份	提高坐果率,防治缩果病
硫酸亚铁(铁)	0.1～0.4 0.1～0.4	4～9月份 休眠期	防治黄叶病
硫酸锌(锌)	0.1～0.4 1～5	萌芽后 萌芽前	防治小叶病

68. 缺氮如何矫正？

氮是植物叶绿素和蛋白质的主要成分，是生命活动的基础。在生长期缺氮，叶呈黄绿色，老叶转变为橙红色或紫色，花芽不易形成，果实瘦小，但着色很好；长期缺氮，可引起树体衰弱，植株矮小。原因是土壤瘠薄，管理粗放。缺肥和杂草丛生的果园易缺氮，在砂质土上的幼树，生长迅速时，若遇大雨，几天内即表现出缺氮症。

防治方法：秋施基肥，配合施氮素化肥如硫铵、尿素等，生长期可土施速效氮肥 2～3 次，也可用 0.5%～0.8%尿素溶液喷布树冠。

69. 缺钾如何矫正？

钾可促进果实的膨大和成熟，促进糖的转化和运输，提高果品质量和耐贮性，并可促进植物的加粗生长，提高抗寒、抗旱、耐高温和抗病虫害的能力。钾素不足，会引起碳水化合物和氮素代谢紊乱，蛋白质合成受阻，抗病力降低；树体营养缺乏，叶、果均小，果实发育不良，易发生裂果，着色差，含糖量降低，采前落果亦重，产量和果实品质明显降低。叶缘呈深棕色或黑色，逐渐枯焦，枝条生长不良，果实常呈不熟状态。砂质土或有机质少的土壤上，易表现缺钾症。

防治方法：增施有机肥，如厩肥或草秸。果园缺钾时，于 6～7 月份可追施草木灰、氯化钾或硫酸钾等化肥，或叶面喷施 0.3%磷酸二氢钾。

70. 缺磷如何矫正？

在梨树的生长发育过程中，磷促进根系的生长，促进锌、硼、锰的吸收，有利于花芽分化、果树着色，增加含糖量；提高果实品质和果树的抗逆能力。

缺磷时，引起树势衰弱，根系发育迟缓，花芽分化不良。叶小而薄，枝条细弱，叶柄及叶背的叶脉呈紫红色，新梢的末端枝叶较明显。严重缺磷时，叶片边缘出现半圆形坏死斑，而老叶上先形成黄绿色和深绿色相间的花叶，很快脱落，果品产量和果实品质下降。原因是由于土壤本身有效磷含量不足，特别是碱性土壤中，磷易被固定，降低了磷的有效性。长期不施有机肥或磷肥，偏施氮肥，也会造成缺磷现象。

防治方法：对缺磷果树，于展叶后，叶面喷施磷酸或过磷酸钙。要注意磷酸施用过多时，可以引起缺铜、缺锌现象。

71. 缺铁如何矫正？

多从新梢的顶端幼嫩叶片开始，初期叶肉先变黄，叶脉两侧仍为绿色，叶呈绿色网纹状，新梢顶端叶片较小。随着病势的发展，黄化程度逐渐加重，甚至全叶呈黄白色，叶缘产生褐色枯焦的斑块，最后全叶枯死而早落。严重缺铁时，新梢顶端枯死。原因是：在碱性或盐碱重的土壤里，大量可溶性的二价铁被转化为不溶的三价铁盐而沉淀，不能被植物吸收利用。因此，在盐碱地和含钙质较多的土壤容易引起黄叶病。地下水位高，土壤盐分常随地下水积于地表易发生黄叶病。在铜、锰施用过多时，或磷肥过多使用，钾不足时也易发病。

防治方法：加强果园的综合管理，做好灌水压盐碱工作，控制盐分上升，减少表土中含盐量。进行土壤管理，增施有机肥，改良土壤，解放土壤中的铁元素，同时适当补充可溶性铁素化合物，以减少黄叶病的危害。发病严重的果树，发芽前可喷射0.3%～0.5%硫酸亚铁溶液或硫酸铜、硫酸亚铁和石灰混合液，可控制病害发生。用0.05%～0.1%硫酸亚铁溶液，树干注射，也有一定的效果。

72. 缺锌如何矫正？

缺锌症，又称小叶病，一般与梨缺铁症同时发生。病树春季发芽较晚，抽叶后，生长停滞，叶片狭小，叶缘向上，叶呈淡黄绿色或浓淡不均，病枝节间缩短，形成簇生小叶，花芽少，花朵小而色淡，不易坐果，严重者叶片从新梢的基部逐渐向上脱落，只留顶端几簇小叶，形成光枝现象。原因是土壤呈碱性，在碱性土壤中锌盐常易转化为难溶状态，不易被植物吸收。有机物和土壤水分过少时也易发生缺锌。叶片中含锌量低于 10^{-6}～15×10^{-6}，即表现为缺锌症状。

防治方法：增施有机肥，改良土壤。结合秋季和春季施基肥，每株大树施用 0.5 千克硫酸锌，翌年见效，持效期较长。在春季芽露白时喷布 1%硫酸锌溶液，当年效果较好。

73. 缺硼如何矫正？

发病时，春季 2～3 年生枝的阴面出现疤状突起，皮孔木栓化组织向外突出，用刀削除表皮可见零星褐色小点。严重时，芽鳞松散，呈半开张状态，叶小，叶原体干缩，不舒展，坐果率极低。新梢上的叶片色泽不正常，有红叶出现。中下部叶色虽正常，但主脉两侧凸凹不平，叶片不展，有皱纹，色淡。发病严重时，花芽从萌发到开绽期陆续干缩枯死，新梢仅有少数萌发或不萌发，形成秃枝、干枯。根系发黏，似杨树皮，许多须根烂掉，只剩骨干根。果实近成熟期缺硼，果实小，畸形，有裂果现象，不堪食用。轻者果心维管束变褐，木栓化；重者果肉变褐，木栓化，呈海绵状。秋季未经霜冻，新梢末端叶片即呈红色。

发病原因是土壤中石灰质较多时，硼易被钙固定。土壤瘠薄的山地、河滩地果园发病较重；春季开花期前后干旱发病重；钾、氮过多，易发生缺硼症。梨树品种中，除苹果梨外，长十郎、二十世纪、新世纪、石井早生等日本梨品种，也常发生缺硼症。

防治方法：深翻改土，增施有机肥。开花前后充分灌水，可明显减轻危害。梨树开花前、开花期和落花后喷 3 次 0.5%硼砂液。结合施基肥，每株大树施硼砂 100～150 克，用量不可过多，施肥后立即灌水，以防产生药害。

74. 如何确定浇水的时期与方法？

梨树的一切生命活动都离不开水。土壤含水量为土壤最大持水量的 60%～80%最为适宜，低于或高于这个数值都对梨树生长不利，梨园浇水应根据天气情况，原则上“随旱随灌”，做到灌、排、保、节水并重。一般每次施肥后均应浇水，以利肥效的发挥。因此，根据施肥次数，有芽前水、花后水、催果水及冬前水之分，全年至少应浇 4 次水。梨园供水应平稳。浇水的量以浇透为度，避免大水漫灌，否则不但浪费水而且效果不好。套袋梨园果实易发生日灼病，土壤应严防干旱，浇水次数和浇水量应多于不套袋梨园，一般套完袋要浇一遍透水防止日灼。套袋梨园采收前 20 天应禁止浇水，否则果实含糖量降低。

(1)浇水时期 土壤水分具有促进果树生长的作用，果树器官迅速生长建造期也是果树的需水临界期。浇水时期应根据降雨、土壤缺水情况及果树需水规律而定，做到灌、排、保、节水并重。我国北方梨产区果园浇水应掌握“春灌、夏排、秋稍旱、冬灌越冬保安全”的原则。

梨树春梢旺盛生长期是一年中需水最多的时期。春天土壤解冻之后、果树发芽之前浇一遍水，可促进根系对肥料的吸收，有利于开花、坐果和新梢、果实的生长，因此套袋梨园应坚持春灌。

另外，果树秋末冬初施完基肥后，可紧接着浇一遍透水，即封冻水，对于加速肥料分解，保证果树安全越冬，防止冻害和抽条极有作用。

除冬、春两季浇水外，夏季和秋季的浇水应根据土壤干旱状况灵活掌握，5 月底至 6 月初正值梨树花芽分化临界期，此时适度干旱，有利于促使花芽分化，而浇水过多会影响花芽分化，减少花芽分化数量。果实采收前应禁止浇水，以提高果实含糖量和增进果实着色，否则虽然能增加产量但果实品质变劣。当然，在秋季高温干旱果区，为防止果实发生日灼，可在套袋果摘袋后灌一遍水。

(2) 浇水量 可根据土壤含水量确定果园何时需要浇水，当土壤含水量达到田间最大持水量的 60%～80%时，土壤中水分和空气状况最适合果树生长发育的需要，土壤含水量低于这个数值时说明土壤干旱缺水需要及时灌溉，高于这个数值时说明土壤已积涝，需要及时排水。在没有条件测定土壤含水量时可用手测法判断，方法是先在离主干 2.5～3 米远的地方挖深 30～40 厘米的穴，从穴中抓一把土紧攥，手松开时土能成团则不用浇水，若土不成团，则说明土壤含水量偏低，应及时灌溉。果园水分管理宜平稳，土壤水分过少或过多都不利于果树生长，因此一次浇水的量不宜太多，以湿透根系分布层为度。

具体来讲，应根据树龄、树势、浇水时期及果园土壤类型灵活掌握，幼树、长势旺盛的树浇水量宜少，以抑制其旺长，促进成花；老弱树、结果多的树适当多灌，以促进其生长；春天萌芽前的春灌和秋后灌冻水浇水量宜大，其他几次浇水量宜小。

果园土壤性质与浇水的数量和次数有密切关系，沙土果园易漏水漏肥，浇水量要掌握“小水勤灌”的原则，黏土地保肥保水能力强，但透气性差，浇水量也不宜过大，防止土壤透气性更加恶化，可采取沟灌、滴灌、渗灌等先进的浇水方法；盐碱地浇水量也不宜过大，防止连通地下水使盐分上泛，但用水洗盐时浇水量宜大；砂壤土透气性较好又有一定的保肥保水能力，可适当多灌。

(3) 浇水方法

①树盘灌 这是目前我国果园普遍采用的浇水方法，浇水量

比大水漫灌小，但也易破坏土壤结构，沿树盘灌溉还容易传播根系病害。

②沟灌　即顺地势每隔1米左右挖宽40～60厘米，深20～30厘米的沟，通过沟向果园浇水，利用渗透的方法渗透至整个果园。这种浇水方法用水量较少，不容易传播病害，不破坏土壤结构，是较好的浇水方法。

③喷灌、滴灌、渗灌　这几种浇水方法更为先进，更为科学。喷灌方法是在果园地下铺设输水管道系统，树冠上方或下方设喷水装置，像下雨一样湿润土壤，还可改善果园小气候；滴灌是围绕树干设置滴头，使水慢慢地滴入土中，使土壤保持湿润状态；渗灌是在地下埋入渗水装置，使水分从土壤下层湿润土壤，这种浇水方法土壤水分通过地表蒸发量极小，是更为省水的浇水方法。这三种浇水方法效果最好，同时可结合浇水施肥，但需要较高的投资和电力花费，对水质也有较高的要求，否则容易堵塞。

水资源丰富的地区，部分果农向整个果园里放水进行大水漫灌，这种浇水方法不但浪费水，而且容易破坏土壤结构。浇水量偏大，浇水初期往往造成积涝现象。

(3)保蓄自然水　对水资源缺乏的旱薄山地可实施保水旱栽，最大限度地利用自然降水，以满足果树对水分的需求。具体方法有：果园覆草或覆膜，防止土壤水分的蒸发；修筑梯田，梯田内侧设竹节沟蓄水；山地果园修筑旱井、小型水库存贮雨水，留作干旱时用；在果园内挖集水坑、贮水池收集雨水。

75. 果园如何排水？

土壤中水分含量与空气含量是一对矛盾，土壤中水分含量过多，则发生涝害，根系缺氧窒息，吸肥吸水受阻，轻者叶片光合效能下降，重者造成烂根，甚至出现死树现象。虽然梨树，尤其是杜梨砧较为耐涝，但也应坚持排水，生产中往往对此不够重视。有些人片面认为水越多越好，在雨季也千方百计积蓄雨水，结果造成果园积涝现象。虽然外观显现不出来，实际上根系已处于窒息状态，叶片光合能力已下降。此时，果园应开挖排水沟，尤其在地势低洼和容易积涝的果园，要做到旱能浇，涝能排。

第九章　套袋梨树的整形修剪技术

76. 芽的类型有哪几种？

梨树的芽分为顶芽、侧芽，副芽、潜伏芽，叶芽和花芽等多种类型。

着生在枝条顶端的芽称为顶芽；着生在枝条顶端以下各部位叶腋间的芽，称为侧芽，也称为腋芽；侧芽基部有一对很小的芽，是在原来的侧芽最外两片鳞片间形成的，称为副芽；枝条基部芽，以及侧芽基部的副芽，生长势极弱，一般不萌发而呈潜伏状态，只有在短截等刺激下才能萌发，这样的芽称为潜伏芽，也称为隐芽；萌发后只抽枝长叶，不能开花结果的芽称为叶芽；萌发后能够开花的芽称为花芽。着生在枝条顶端的称为顶花芽；着生在其他部位叶腋间的芽称为腋花芽；萌发后不仅能够抽枝长叶，而且着生花序，能够开花的芽称为混合花芽。梨树的花芽均为混合花芽。

77. 枝干的类型有哪几种？

梨树的枝干包括骨干枝、辅养枝和结果枝等。

(1)骨干枝　骨干枝包括主干、中心干、主枝和侧枝等，是构成树体骨架的主要枝干。

(2)主干　从根颈起到构成树冠的第一大分枝基部的树干称为主干。主干负载着整个树冠的重量，是根系和树冠营养物质交换的运输通道。

(3)中心干　第一层主枝以上直到树冠顶端的树干称为中心干，也称为中央领导干。

(4)主枝　直接着生在中心干上，构成树冠骨架的各大分枝称为主枝。

(5)侧枝　直接着生在主枝上的大枝称为侧枝。从靠近主枝基部的第一个算起，分别称为第一、第二、第三……侧枝。

(6)延长枝　各级骨干枝先端向外延伸生长的1年生枝，称为延长枝或延长头，逐年向外延伸，扩大树冠。

(7)辅养枝　着生在树冠各部的非骨干枝称为辅养枝，其作用是辅养树体和开花结果。

(8)枝组　着生在各级骨干枝上的小枝群，其中有若干结果枝和营养枝，是生长和结果的基本单位，常被称为结果枝组。

78. 枝条的类型有哪几种？

枝条的种类较多，现依据分类方法主要介绍几种枝条类型：芽萌发后长出的新枝，在当年落叶以前称为新梢；梨树着生花芽的部位，开花结果后增粗肥大，称为果台。果台上抽生的副梢，称为果台副梢。

着生花芽，能够开花结果的1年生枝，称为结果枝。结果枝按长度又分如下几种：长果枝，当年生长量在15厘米以上，顶芽是花芽枝；中果枝，当年生长量在5～15厘米之间，顶芽是花芽；短果枝，当年生长量在5厘米以下，顶芽是花芽；短果枝群，短果枝多年连续结果、分枝形成的多个短果枝聚集在一起的枝群。

只着生叶芽，萌发后只能抽梢长叶的枝，称为营养枝。营养枝具有辅养树体，扩大树冠的作用，并且能够形成结果枝；由休眠芽受刺激萌发生长而成，常着生在各级骨干枝的多年生部位，特点是生长势旺、节间长、叶片大而薄、芽体瘦弱、消耗营养物质较多。徒长枝在树体更新复壮中具有重要作用；竞争枝着生在骨干枝延长头下部，生长直立强旺的枝条，常与延长枝竞争生长，争夺营养和空间。

79. 梨树的枝、芽生长特点是什么?

对树体进行合理的整形修剪,必须了解枝芽的生长特点,并按其特点采用适当的修剪方法和适宜的丰产树型。

(1)异质性 同一枝条上不同部位的芽在发育过程中,由于受外界环境条件以及内部营养状况的影响,最终形成的芽在芽体大小、充实程度、生长势以及其他特性方面存在差异。这种差异,称为芽的异质性。

(2)萌芽力 1年生枝上的芽能够萌发枝叶的能力称为萌芽力。一般以萌发的芽数占总芽数的百分率来表示,称为萌芽率。

(3)成枝力 1年生枝上的芽,不仅能够萌发,而且能够抽生长枝的能力,称为成枝力。一般以长枝占总芽数的百分率或者具体成枝数来表示。

(4)顶端优势 在同一枝条或植株上,处于顶端和上部的芽或枝,其生长势明显强于下部的现象,称为顶端优势,也称为极性。

80. 短截与回缩的作用是什么?

(1)轻短截 仅剪去枝条的顶端部分,大约截去枝条全长的1/4。一般剪口下选留弱芽或次饱满芽。修剪后,剪口芽不充实,从而削弱了顶端优势,使芽的萌发率提高。剪口下发出的中长枝条的生长势比原来的枝条弱,可形成较多的中短枝和叶丛枝。有缓和树势、促进花芽形成的作用。

(2)中短截 指在1年生枝中部的饱满芽处剪截,截去枝条全长的1/4～1/2。中短截加强了剪口以下芽的活力,从而提高萌芽率和成枝力,促进生长势。中短截常用于培养大、中型结果枝组,以及在骨干枝的延长段上采用,以扩大树冠。另外,为复壮弱树、弱枝等也常运用中短截。

(3)重短截 在枝条下部或基部次饱满芽处剪截,剪去枝条的大部分，大约为枝条全长的 1/2～3/4。由于剪去的芽多，使枝势集中到剪口芽，可以促使剪口下萌发 1～2 个旺枝及部分中短枝。通常在对某些枝条既要保留利用，又要控制其生长部位和生长势时采用，常用于控制竞争枝、直立枝或培养小型枝组。

(4)极重短截　在枝条基部轮痕处剪截，剪口下留弱芽或芽鳞痕，促使基部隐芽萌发。剪后一般萌发 1～2 个中庸枝，能够起到削弱枝条生长势、降低枝位的作用。有些部位需要留枝，但原有枝条生长势太强，可采取极重短截的办法，以强枝换弱枝。

(5)回缩　也称缩剪，是指对多年生枝或枝组进行的剪截。缩剪可以改变枝条角度，限制枝组的生长空间，减少枝条生长量，增强局部枝条的生长势，调节枝组内的枝类组成，减少营养消耗，保证营养供应，促进成花结果。对生长势较强的枝组，去强留弱，可以改善光照，平衡树势；对衰老枝组去弱留强，下垂枝抬高枝头，可以达到更新复壮的目的；解决交叉枝、重叠枝，采用放一缩一，充分利用。

81. 疏剪与缓放的作用是什么？

(1)疏剪　是将 1 年生枝条或多年生枝从基部全部剪除或锯掉。

疏剪主要是去除影响光照的过密大枝、交叉枝、重叠枝、竞争枝和没有利用价值的徒长枝、病虫枝、枯死枝、衰弱枝以及过多的弱果枝等。疏剪减少了梨树总体的生长量，能够调节枝条密度、枝类组成和果枝比例，改善树冠内的透光条件，调节局部枝条的生长势。剪口可阻止养分上运，因此对剪口上部枝条的生长有削弱作用，同时疏剪改善了下部枝的光照及营养条件，因而有利于促进剪口下部枝条的生长势。

疏剪主要用于盛果期梨树，既削弱树势，又能减少总生长量。疏剪与短截相比，更有利于形成花芽。此法的应用有利于通风透光，增加中、短枝数量，并且可提高果实品质，增加效益。

(2)缓放 是对1年生发育枝不进行剪截处理，任其自然生长，也称甩放或长放。

缓放多应用在幼树和旺树的辅养枝上。由于缓放没有剪口的刺激作用，可以减缓顶端优势，使枝条长势缓和，促进萌芽率的提高，增加中短枝比例，促进花芽形成，对促进旺树、旺枝早成花和早结果有良好效果。长枝不剪，具明显增粗效果，生长势减弱，且萌生大量中、短枝，早期叶形成的多，有利于营养物质的积累和花芽的形成；中枝缓放不剪，由于顶芽有较强的生长能力，某些品种由于顶芽与母枝生长势相近或略弱于中枝，下部侧芽发生较多的、生长弱的短枝。但对长枝、中枝连续数年缓放不剪，会造成枝条紊乱，枝组细长、结果部位外移较快，后部易光秃。因此，长枝缓放1～2年以后，须结合短截或缩剪进行处理。

82. 摘心与刻芽的作用是什么？

(1)摘心 生长季节，在尚未木质化或半木质化时，摘除新梢顶端的幼嫩部。其作用是抑制新梢旺长，减少养分消耗，削弱枝条生长势，促进分枝，增加枝条密度，培养结果枝组，促进花芽形成。对果台枝摘心还具有提高坐果率和减轻生理落果的作用。摘心因品种栽培条件和目的而不同，以整形为目的，在新梢有一定生长量时，选饱满芽进行较重摘心；培养枝组时，应早摘、轻摘进行多次；促使侧芽形成腋花芽时，可以晚摘，并以不使侧芽萌发为适度。

(2)刻芽 也称为目伤。春季萌芽前，在枝条或芽的上方0.5厘米处用刀横割呈月牙形伤口，深达木质部，从而刺激芽子萌发抽枝的方法。在芽或枝条的上方刻，可使水分和养分集中至伤口下的芽或枝条上，促进芽的萌发；在芽的下方刻，则可以抑制芽的萌发。刻芽时，注意以刻两侧芽为主，尽可能不刻背上芽。

(3)抹芽 也称为除萌。在春季将骨干枝上多余的萌芽抹除。

及时抹芽，可以减少养分的消耗，避免树冠内部枝条密挤，改善树体的通风透光条件。

83. 捋枝与拿梢的作用是什么？

(1)捋枝 一般是在春季萌芽前树液流动后，对较直立的中庸枝进行软化的一项措施。方法是将拇指压在枝条上，使枝条有一定弯度，从基部向尖端渐次捋出；另一法是拇指和食指捏住枝条中上部，将枝头向下，首先从枝基部弯曲依次向上推拿。捋枝可有效地提高枝条萌芽力，促发中、短枝，促进花芽形成。

(2)拿梢 即用手握住 1 年生新梢，拇指向下慢慢压低，食指和中指上托，弯折时以能感到木质部轻轻断裂声为止。树冠内直立生长的强旺梢、竞争梢，有空间需要保留时，可在 7～8 月份拿梢。对生长较粗、生长势过强的应连续拿梢数次，使新梢呈平斜状生长。拿梢的作用效果同捋枝。

84. 环剥与环割的作用是什么？

(1)环剥 在枝干上按一定宽度用刀剥去一圈环状皮层称为环剥。环剥暂时切断了营养物质向下运输的通道，使光合作用制造的有机营养较分多地留在环剥口上方，对促进花芽形成和提高坐果率的效果明显，并且能够抑制环剥口上部枝条的生长势，可促使幼旺树早成花、早结果。一般多用于旺树、旺枝、辅养枝和徒长枝等。

环剥的宽度越宽，愈合越慢，对环剥部位以上的抑制生长和促进成花作用越强。但剥口过宽时会严重削弱树势，甚至造成死树或死枝。一般环剥口宽度以枝干直径的 1/10 左右，以 20～30 天愈合为宜，强旺枝可略宽一些。环剥时注意切口深度要达到木质部，但不要伤及木质部，剥皮时要特别注意保护形成层，以利愈合。多雨的季节，剥口应包裹塑料布或牛皮纸，加以保护。

(2)环割 是在枝干上横割一圈或数圈环状刀口，深达木质部但不损伤木质部，只割伤皮层，而不剥除皮层。环割的作用与环剥相似，但由于愈合较快，因而作用时间短，效果稍差。主要用于幼树和旺树上长势较旺的辅养枝和徒长旺枝等。

85. 主干疏层型及其整形修剪技术是什么？

树体的基本结构是树高 4.5 米，冠径 4.5～5 米，干高 70～80 厘米左右。全树分三层，有主枝 5～7 个，其中第一层 3～4 个主枝，第二层 2 个主枝，第三层 1 个主枝。第一、第二层间的间距在 100 厘米左右，二、三层之间为 80～100 厘米。第一层主枝开张角度 70°～80°，配 2～3 个侧枝，第二层主枝开张角度 50°，配 1～2 个侧枝，各层主枝和侧枝相互交错、插空排列。该树型整形容易，修剪量轻，长树快，树冠体积和主枝数量适当，枝组易配备，结果早，具丰产潜力，适合大多数品种。

定植后在 80～90 厘米处定干。第一年冬剪时选择最上面的一个旺长枝条作为中央领导干，留 50～60 厘米短截；从下部抽生的长枝中选 3～4 个作为一层主枝，同样留 50～60 厘米短截，促发分枝，以便将来选配侧枝。以后每年如此，直至培养出最后一个主枝。侧枝的培养同主枝一样，同侧的侧枝间距要达到 80 厘米左右。

86. 二层开心型及其整形修剪技术是什么？

树体的基本结构是树高 3.5～4 米，冠径 4～4.5 米，干高60～80 厘米。全树分两层，有 5～6 个主枝，其中第一层 3～4 个，第二层 2 个。层间距 1 米左右。该树型透光性好，最适宜喜光性强的品种。

定植后留 80～100 厘米定干。第一次冬剪时选生长旺盛的剪口枝作为中央领导干，剪留 50～60 厘米，以下 3～4 个侧生分枝作为第一层主枝。以后每年同样培养上层主枝，直到培养出第五层主枝时，去掉第二层，控制第三层以上的部分，最终落头开心成二层开心型。侧枝要在主枝两侧交错排列，同侧侧枝间距要达到100厘米左右。

87. 开心疏层型及其整形修剪技术是什么？

树体的基本结构是树高4～5米，冠径5米左右，干高40～50厘米。树干以上分成三个势力均衡、与主干延伸线呈30°角斜伸的中干，因此也称为“三挺身”树型。三主枝的基角为30°～35°，每主枝上，从基部起培养背后或背斜侧枝1个，作为第一层侧枝，每个主枝上有侧枝6～7个，成层排列，共4～5层，侧枝上着生结果枝组，内侧仅能留中、小枝组。该树形骨架牢固，通风透光，适用于生长旺盛直立的品种，但幼树整形期间修剪较重，结果较晚。

定植后留70厘米定干。第一次冬剪时选择3个角度、方向均比较适宜的枝条，剪留50～60厘米，培养成为3条中干。第二年冬剪时，每条中干上选留一个侧枝，留50～60厘米短截，以后照此培养第二、第三层侧枝。主枝上培养外侧侧枝。整个整形过程中要注意保持三条中干势力均衡。

88. 纺锤型及其整形修剪技术是什么？

树体的基本结构是树高3米左右，冠径2～2.5米，干高60厘米。中心干上直接着生大型结果枝组（亦即主枝）10～15个，中心干上每隔20厘米左右一个，插空排列，无明显层次。主枝角度70°～80°，枝轴粗度不超过中干的1/2。主枝上不留侧枝，直接着生结果枝组。其特点是只有一级骨干枝，树冠紧凑，通风透光好，成形快，结构简单，修剪量轻，生长点多，丰产早，结果质量好。

定干高度80～100厘米，第一年不抹芽，在树干40～50厘米以上，枝条长度在80～100厘米时进行秋季拉枝，枝角角度90°，其余缓放，冬剪时对所有枝进行缓放；翌年对拉平的主枝背上萌生直立枝，离树干20厘米以内的全部除去，20厘米以外的每间隔25～30厘米扭梢1个，其余除去。中干发出的枝条，长度80厘米左右可在秋季拉平，过密的疏除，缺枝的部位进行刻芽，促生分枝；第三年控制修剪，以缩剪和疏剪为主，除中心干延长枝过弱不剪，一般缩剪至弱枝处，将其上竞争枝压平或疏除；弱主枝缓放，对向行间伸展太远的下部主枝从弱枝处回缩，疏除或拉平直立枝，疏除下垂枝。第四或第五年中心干在弱枝处落头，以后中心干每年在弱枝处修剪保持树体高度稳定。修剪上应根据树的生长结果状况而定，幼旺树宜轻剪，随树龄的增长，树势渐缓，修剪应适度加重，以便恢复树势，保持丰产、稳产、优质树体结构。

89. "V"字型及其整形修剪技术是什么？

树体的基本结构是基本树型结构是无中干，干高50～60厘米，两主枝呈"V"字形，主枝上无侧枝，其上培养小型侧枝和结果枝组，两主枝夹角为80°～90°。

该树型要求定植壮苗，定干高度70～90厘米，定干后第一至第二芽抽发的新枝，开张角度小，其下分支开张角度大，可以培养为开张角度大的主枝，在生长季中，开张角度小的可疏除；第二至第三年冬剪时，主枝延长枝剪去1/3，夏季注意疏除主枝延长枝的竞争枝等；第四年对主枝进行拉枝开角，并控制其生长势，生长季节，对旺长枝疏除，扭枝抑制生长，使形成短果枝和中果枝；第五年树型基本完成，主枝前端直立旺盛，徒长枝少，短果枝形成合理。

该树型另一种建造方法是，定植后不定干，待苗木发芽后将苗按腰角70°拉倒，并在弯曲处选一好芽刻伤，促发直立枝；翌年将第一主枝上培养出的直立枝拉向相反方向，培养第二主枝，应对第一主枝上其余直立枝加以控制。主枝延长枝有生长空间的一般不短截，树势较弱，对主枝延长枝可轻度短截。无生长空间的可缩至弱枝和弱芽处。

90. 幼树期如何修剪?

幼树整形修剪的重点应以培养骨架、合理整形、迅速扩冠占领空间为目标,在整形的同时兼顾结果。由于幼龄梨树枝条直立,生长旺盛,顶端优势强,很容易出现中干过强、主枝偏弱的现象。因此,修剪的主要任务是控制中干过旺生长,平衡树体生长势力,开张主枝角度,扶持培养主、侧枝,充分利用树体中的各类枝条,培养紧凑健壮的结果枝组,促使早期结果。

苗木定植后,首先依据栽培密度确定树型,根据树型要求选留培养中干和一层主枝。为了在树体生长发育后期有较大的选择余地,整形初期可多留主枝,主枝上多留侧枝,经 3～4 年后再逐步清理,明确骨干枝。其余的枝条尽量保留,轻剪缓放,以增加枝叶量,辅养树体,以后可再根据空间大小进行疏、缩调整,培养成为结果枝组。

选定的中干和主枝,要进行中度短截,促发分枝,以培养下一级骨干枝。短截还能促进骨干枝加粗生长,形成较大的尖削度,保证以后能承担较高的产量。为了防止树冠抱合生长,要及时开张主枝角度,削弱顶端优势,促使中后部芽萌发。一般幼树期一层主枝的角度要求在 40°左右。修剪时,注意幼树期要调整中干、主枝的生长势力,防止中干过强、主枝过弱,或者主枝过强、侧枝过弱。对过于强旺的中干或主枝,可以采用拉枝开角、弱枝换头等方法削弱生长势。

91. 初果期如何修剪?

梨树进入初结果期后,营养生长逐渐缓和,生殖生长逐渐增强,结果能力逐渐提高。此时要继续培养骨干枝,完成整形工作,促进结果部位的转化,培养结果枝组,充分利用辅养枝结果,提高早期产量。

修剪时，首先对已经选定的骨干枝继续培养，调节长势和角度。带头枝仍采用中截向外延伸；中心干延长枝不再中截，缓势结果，均衡树势。辅养枝的任务由扩大枝叶量、辅养树体，变为开花结果、实现早期产量。此时梨树已经具备成花结果的生理基础，只要势力缓和就可以成花结果。因此，要对辅养枝采取轻剪缓放、拉枝转换生长角度、环剥（割）等手段，缓和生长势，促进成花。培养结果枝组，为梨树丰产打好基础，是该时期的重要工作。

长枝周围空间大时，先行短截，促生分枝，分枝再继续短截，继续扩大，可以培养成大型结果枝组；周围空间小时，可以连续缓放，促生短枝，成花结果，等枝势转弱时再回缩，培养成中、小型结果枝组。中枝一般不短截，成花结果后再回缩定型。大、中、小型结果枝组要合理搭配，均匀分布，使整个树冠圆满紧凑，枝枝见光，立体结果。

92. 盛果期如何修剪？

梨树进入盛果期，树型基本完成，骨架已经形成，树势趋于稳定，具备了大量结果和稳产优质的条件。此时修剪的主要任务是：维持中庸健壮的树势和良好的树体结构，改善光照，调节生长与结果的矛盾，更新复壮结果枝组，防止大小年结果，尽量延长盛果年限。

树势中庸健壮是稳产、高产、优质的基础。中庸树势的标准是：外围新梢生长量 30～50 厘米，长枝占总枝量的 10％～15％，中、短枝占 85％～90％，短枝花芽量占总枝量的 30％～40％；叶片肥厚，芽体饱满，枝组健壮，布局合理。树势偏旺时，采用缓势修剪手法，多疏少截，去直立留平斜，弱枝带头，多留花果，以果压势。

树势偏弱时，可采用助势修剪手法，抬高枝条角度，壮枝壮芽带头，疏除过密细弱枝，加强回缩与短截，少留花果，复壮树势。对中庸树的修剪要稳定，不要忽轻忽重，各种修剪手法并用，及时更新复壮结果枝组，维持树势的中庸健壮。

结果枝组中的枝条可以分为结果枝、预备枝和营养枝三类，各占 1/3，修剪时区别对待，平衡修剪，维持结果枝组的连续结果能力。对新培养的结果枝组，要抑前促后，使枝组紧凑；衰老枝组及时更新复壮，采用去弱留强、去斜留直、去密留稀、少留花果的方法，恢复生长势。对多年长放枝结果后及时回缩，以壮枝壮芽带头，缩短枝轴。去除细弱、密挤枝，压缩重叠枝，打开空间及光路。

梨树是喜光树种，维持冠内通风透光是盛果期树修剪的主要任务之一。解决冠内光照的方法有：落头开心，打开上部光路；疏间、压缩过多、过密的辅养枝，打开层间；清理外围，疏除外围竞争枝以及背上直立大枝，压缩改造成大枝组，解决下部及内膛光照。

93. 大小年树的修剪特点是什么?

(1)大年　此期主要是控制花果数量，留足预备枝。适当疏除短果枝群上过多的花芽，并适当缩剪花量过多的结果枝组。对具有花芽的中、长果枝，可采取打头去花的办法，促使翌年形成花芽；对长势中庸健壮的中、长营养枝，可以缓放不剪，使其形成花芽在小年时结果；对长势较弱的结果枝组，可采用去弱、疏密、留强的剪法进行复壮，但修剪时应注意选留壮芽和部位较高的带头枝；对过多、过密的辅养枝和大型结果枝组，也可利用大年花多的机会适当进行疏剪。

(2)小年　此期要尽量多留花芽，少留预备枝，以保证小年的产量。同时缩剪枝组，控制花芽数量。对长势健壮的 1 年生枝，可促留 1～2 个饱满芽进行重短截，促生新枝，加强营养生长，以减少大年花量；对后部分枝有花、前部分枝无花的结果枝组，可在有花的分枝以上进行缩剪；对前后都没有花的结果枝组上的分枝，可多短截、少缓放，以减少翌年的花量，使大年结果不致过多。

94. 鸭梨的修剪有什么特点？

鸭梨幼树生长健壮，树姿开张，进入结果年龄较早，一般 4～5 年开始结果，盛果期后产量容易下降。鸭梨萌芽率高，成枝力弱。长枝短截后萌发 1～2 个长枝，其余基本为短枝；经过缓放后，侧芽大部分能形成短枝，并容易成花结果。短果枝连续结果能力强，易形成短果枝群，短果枝群寿命长且结果稳定，是主要结果部位，应注意适当回缩复壮。

树型依据栽植密度确定，稀植条件下适宜主干疏层型或多主枝自然型；密植园可采用纺锤型。幼树期尽量少疏枝或不疏枝，对选留的骨干枝多短截，促使快速扩大树冠；其他枝条可以全部缓放，一般第二年就可结果。也可以多截少疏，抚养树体，以后再缓放结果。盛果期以前，多缓放中枝培养结果枝组。进入盛果期以后，对结果枝成串的枝条适当回缩，集中养分。结果枝及短果枝群注意及时更新，每年去弱留强、去密留稀，剪除过多的花芽，留足预备枝。鸭梨成年树生长势弱，丰产性又强，要加强土肥水管理，保持健壮树势，要保持树上有一定比例的长枝，主枝延长枝生长量在 40～50 厘米，长枝少则果个小。因此，成年鸭梨树的长枝要多截、不疏。鸭梨果枝成长容易且坐果率高，控制负载量非常重要。若过度结果，会造成大小年现象。因此，控制花量和过多结果，是此期修剪的主要任务。鸭梨具较强的更新能力，老梨树更新可取得较好的效果。

由于鸭梨成枝力弱，在幼树期要用主枝延长枝剪留旁芽的方法促生分支，适当增加短截的比例，刺激中长枝的形成。在进入结果期后，应每年适当短截一部分外围枝，以促进中长枝的形成并保持一定比例，以维持生长势，稳定结果。密植园的修剪主要是控制树高，树冠大小应控制为株间交接量少于 10%，行间留有足够的作业空间。合理调节大中型结果枝的密度。大中型枝所占的比例宜小，大体应控制在总枝量的20%以内。鸭梨容易形成小枝，在修剪时应注意培养大中型枝组。鸭梨干性强，中干过强抑制基部枝的生长，不利于产量和品质的提高，可通过多留花果消耗中干内贮存的养分，缓和中干的长势。

95. 酥梨的修剪有什么特点?

酥梨树势中庸，干性强，树姿直立；枝条分支角度较小，幼树树冠直立，萌芽率高，成枝力中等。发育枝短截后剪口下萌发1～3个长枝，下部形成少量中枝，大多为短枝。发育枝缓放，顶端萌生少数长枝，下部形成大量短枝。副芽易萌发生枝，有利于枝条更新，酥梨一般4～6年生开始结果，早期产量增长缓慢，酥梨常采用疏散分层开心型等。但要避免中心枝生长过旺，各主枝开张角度应循序渐进，不宜一次开张过大，主枝延长枝易轻剪，主枝上要多留枝，一般少疏或不疏枝，以增加主枝的生长量，避免中心干过强。对于中心干强的树，改为延迟开心型。以短果枝结果为主，有少量中果枝和长果枝结果。果台枝多数萌发一个枝，有的比较长，不易形成短果枝群。果台枝短截以长度而定，短于20厘米的果台枝一般只保留2个叶芽短截，20～35厘米的强果台枝留3个叶芽，35厘米以上特强的果台枝按发育枝处理。短果枝寿命中等，结果部位外移较快。果枝连年结果能力弱。新果枝结果好，衰弱的多年生短果枝或短果枝群坐果率低，应及时更新复壮。小枝组修剪反应敏感，易复壮。

酥梨修剪整体上要维持树势均衡，树冠圆满紧凑，主从分明，通风透光，上层骨干枝组要明显短于下层骨干枝，从属枝为主导枝条让路，同层骨干枝的生长势头应基本一致。使花芽枝和叶芽枝有一个适当的比例，一般为1∶2～4，徒长枝过密时去强留弱，去直留斜，甩放至翌年成花。短枝在营养充足的条件下，易转化为中、长枝，容易转旺，常使整形初期的侧枝与辅养枝不分明。树体进入盛果期，应适当缩减辅养枝和结果枝组，使之与侧枝逐渐分明。短果枝组成的枝组不用疏枝，大、中型结果枝组过大时可缩剪，以增强后部枝组的生长势，旺树的中、长枝应多甩放，待形成花芽后回缩更新。对上强枝齐花回剪，换弱头；对下弱枝从基部饱满芽处重短截，增强生长势。对基部主枝生长势不均衡的树可采用强主枝齐花剪，细弱枝从顶部饱满芽处重截的办法，促使各主枝生长势逐步均衡。

96. 茌梨的修剪有什么特点？

茌梨生长势强，长枝短截能抽生 2～3 个长枝，其余多为中枝，短枝很少；缓放也多抽生中枝，只在基部萌发少量短枝。幼树干性强，生长直立，主枝角度小，但成龄后主枝角度容易过度自然开张，可多采用背上枝换头的方法来抬高角度。幼树期以短果枝结果为主，成龄后长、中、短果枝均可结果，腋花芽较多且结果能力较强。茌梨不易形成紧凑的短果枝群，结果部位容易外移，但隐芽萌发能力强，短截容易发枝，可对结果枝进行放、缩结合修剪，稳定结果部位。

适宜树型为二层开心型。定植后先按主干疏层型整枝，多留主枝，以后再逐渐调整成二层开心型。幼树主枝保持 40°，延长枝第一年轻打头，第二年回缩到适宜的分枝处，以增加枝条尖削度，促使骨架牢固。

茌梨的结果枝组更新容易，对大、中型结果枝组不要急于回缩，可在空间允许的情况下任其自然扩大，到枝组后部出现光秃时，再回缩更新，萌发的新枝很容易结果。茌梨幼树、成龄树对修剪反应均敏感，剪重了，全树冒条，旺长；剪轻了，易出现光秃现象。幼龄树修剪以轻为主，以疏为主，不可强调整形而强行修剪；大树花芽多时，修剪易稍重，但不宜枝枝重剪，直立强旺的去强枝留中庸枝，生长弱的要回缩复壮，果枝花芽成串时，要短截以提高坐果率，而大树修剪过重，仍有全树返旺的可能。在梨树修剪适度标准是少跑条，不光裙。在梨隐芽易萌发。另外，在梨在梨树中是喜光性较强的品种，自然生长枝叶较稀，光照较好。

97. 栖霞大香水梨的修剪有什么特点？

大香水梨萌芽率高，成枝力强。长枝短截能抽生 3～4 个长枝，其余为中、短枝；缓放后下部多发生短枝，分支角度较大，树冠较开张。适宜树型为主干疏层型。

幼树期长、中、短果枝都能结果，进入盛果期后以短果枝和短果枝群结果为主，短果枝群分枝多而紧凑，寿命长，结果部位稳定。由于成枝力强，分支角度大，因而主、侧枝的选留与培养比较容易。要注意加大一、二层间的距离，培养好三层主枝后即落头开心。修剪时，根据空间大小，利用中、长枝培养结果枝组。进入盛果期后，注意短果枝群和结果枝组的更新。结果大树枝干较软，枝叶量大，丰产，下层骨干枝易下垂而过度开张；要注意疏清中央领导干第一层和第二层间的大的辅养枝，控制 2～3 层枝的枝叶量，使第一层主枝受光条件好，角度过抬高角度；下层枝细弱的，要通过上层疏枝来解决；下层枝宜修剪，不宜用堵截；下层枝要加重疏果，减少负载量。利用中枝甩放，形成串花枝，留 3～4 个短枝花芽回缩，结果后抽生的果台枝多且细弱，要注意疏剪。值得注意的是，香水梨的隐芽萌发力较差，回缩不能过急，否则容易引起枝条死亡，应当在培养好预备枝后再回缩。

98. 沙梨的修剪有什么特点？

幼树生长较旺，树姿直立，萌芽率高，成枝力弱。长枝短截萌发 1～2 个长枝和 1～2 个中枝，其余均为短枝。以短果枝和短果枝群结果为主，连续结果能力强，中、长果枝及腋花芽较少。由于成枝力低，骨干枝选留困难。因此，不必强求树型，可采用多主枝自然圆头型、改良疏散分层型、自由纺锤型和改良纺锤型等。幼树树型宜采用自由纺锤型和改良纺锤型。幼树期多留主枝，多短截促发枝条，到盛果期后再逐步清理，调整结构。修剪时，要少疏多截，直立旺枝拉平利用，培养枝组。在各级骨干枝上均应培养短果枝群，并且每年更新复壮，疏除其中的弱枝弱芽，多留辅养枝。对树冠中隐芽萌生的枝条注意保护，培养利用。

定干后，对发出的枝条摘心，促发分枝。秋季枝条拿枝开角。当年冬剪时，根据树型要求，疏除竞争枝、徒长枝和背上枝、交叉枝，中干适当短截其余枝尽量轻截或缓放，以增加枝叶量。对结果枝组的培养，应采取先放后缩的方法。进入盛果期应注意对枝组及时更新和利用幼龄果枝果，以保持健旺的树势。大树高接宜采用开心型，改接后前两年轻剪缓放，一般不疏不截，以利于快速恢复树冠，实现早期丰产。修剪以生长期为主，休眠期为辅。生长期主要进行夏季修剪措施；休眠期以疏枝为主，调整树型。

99. 西洋梨的修剪有什么特点？

幼树生长旺盛，枝条直立，但成龄后骨干枝较软，结果后易下垂，树形紊乱不紧凑。萌芽率和成枝力都比较强，长枝短截后抽生3～5个长枝，其余多为中枝，短枝较少。枝条需连续缓放2～3年才能形成短果枝。以短果枝和短果枝群结果为主，连续结果能力强，短果枝群寿命长，更新容易。适宜树型为主干疏层型，可适当多留主枝。

除骨干枝延长头外，其余枝条一律缓放，不短截，等缓出分枝，成花后再回缩，培养成结果枝组。结果后骨干枝头易下垂，可将背上旺枝培养成新的枝头，代替原头。对主干一般不要换头或落头，主枝更新时要先培养好更新枝，然后再回缩。

巴梨枝组形成的两个途径：一种是短果枝结果后抽生短枝，再成长结果，形成短果枝群；二是中庸枝缓放成花，回缩后形成中、小结果枝组；小年时可利用腋花芽结果；短果枝群形成鸡爪状，要不断疏剪，保持短枝叶长大，芽子饱满。巴梨主枝不稳定，结果期过度开张下垂的，要用背上斜生枝替代原主枝，抬高主枝角度，增强生长势。主枝角度过大时，要控制内膛徒长枝。巴梨枝组一般宜选在骨干枝两侧，一般不用背上枝组；巴梨丰产性好，成花容易、坐果率高，但成龄树易衰弱，从而使枝干病害加重，应加强土肥水管理和疏花疏果。大年时，仅用健壮短果枝结果，留单果。

100. 黄金梨的修剪有什么特点？

黄金梨与其他日本梨系统相比，幼树生长缓慢，修剪越重，生长量越小，影响树体的生长和早期产量的形成，直至延迟进入盛果期；与白梨系统相比，树冠小，寿命也短。萌芽率高，成枝力低。黄金梨长枝缓放，除基部盲节以外，绝大部分芽易萌发。萌发后，大多形成短枝和短果枝，而中枝或中、长果枝较少；枝条短截后，多发生 2～3 个长枝。易成花，结果早，栽后第二年，在中、长枝上形成较多的腋花，也有少量的中、短果枝，幼树期可充分利用腋花芽结果习性，增加早期产量；第三年进入初果期，5～6 年生进入盛果期。

幼树枝条直立性强，易出现上强下弱、外强内弱，以及背上强、背下弱现象。修剪越重，角度越直立。因此，3 年生以前的幼树修剪时，宜采用轻剪或缓放延长枝的方法，促进树冠开张，促进营养生长向生殖生长的转化。同时，修剪时要抑强扶弱，解决好干强主弱和主强侧弱的问题。黄金梨低龄结果枝坐果率高，个大质优，而 3 年生以上果枝所结果实个小质差，修剪时，应采取经常更新结果枝的方法，复壮其结果能力。与白梨系统相比，黄金梨中、短枝转化力弱，但由长枝分化为中、短枝的能力较强。中短枝结果后经多年抽枝结果，而形成短果枝群。

黄金梨修剪的原则是强枝重剪，少留枝，延长枝中短截；重疏、少留外围枝，开张其角度，多留果；弱枝应轻剪，多留枝，延长枝轻短截或缓放，注意抬高骨干枝角度。

101. 郁闭果园如何改造修剪？

郁闭果园改造的根本措施是适时间伐，将每 667 平方米棵数由 110 棵压缩至 55 棵。土肥水条件比较好的果园，在间伐 3～4 年以后，还应进行第二次间伐，最后将棵数压缩到 27～28 棵，将永久性株行距改为 4 米×6 米。

永久树修剪的技术措施：①疏除离地面太近的下裙枝，将干高抬高到 80 厘米左右。②疏除中心干上的一部分主枝，打开层间距，将第一层与第二层主枝的层间距调整至 80～120 厘米，以解决树冠内膛的光照问题。③保留的主枝要以缓放、疏剪为主，立即停止环剥（或环切），主枝的延长头尽量轻剪或缓放不动，使树冠进一步扩大，同时可以缓和树势，小型树冠可以发展为中型树冠。④已经下垂的主枝，生长和结果能力衰弱，应利用斜背上枝换头，使主枝得到更新复壮。⑤适当疏除树冠上部的一些骨干枝，使上方的光照可射入内膛，既可以提高内膛果的质量和产量，又可以促进下层主枝的生长与发展。⑥第二层以上主枝着生的侧枝、大型枝组、背下的中型枝组应疏除。⑦疏除密挤的结果枝组，分批回缩复壮冗长细弱的枝组。

永久性树向高光效树型改造的过程，不可操之过急，以免导致树势和产量不稳定。通常一年中疏除的骨干枝不应超过总数的 1/3。可在 3 年左右的时间完成整个改造过程。对永久性树必须立即废止环剥或环切。改造成功以后，每 667 平方米产量可以稳定在 3 000～4 000 千克，果品质量可得到大幅度提高，树体的经济寿命可以由密植果园的 15～20 年延长至 20～30 年。

102. 失衡树的修剪方法是什么?

失衡梨树顶端优势明显,上部枝条长势较强,选用剪口下第一枝带头,其余侧枝不及时进行疏剪,而树冠下部和骨干枝基部不具备顶端优势,长势较弱,成花较易,易造成上强下弱。若不及时调整,基部枝条就会由衰弱而枯死。

调整上强下弱的方法是:回缩上部长势强旺的大、中枝条,减少树冠上部的枝条总量,对保留下来的树冠上部大枝上的1年生枝,可疏除强旺枝,缓放平斜枝,结果后再根据不同情况分别处理。疏除部分强旺枝,可拉倒缓和长势,促其结果。对保留在树冠上部的强枝和旺枝,可适当多留些花果,以削弱其长势。同时,还可通过夏季修剪适当予以控制。

调整外强内弱的方法,可抑前促后,即对先端枝头回缩,以减少先端枝量。选用长势中庸、生长平斜的侧生枝代替原枝头。对枝头附近的1年生枝缓放不截,后部枝条多留、少疏,或多短截、少缓放,以促生新枝,增加后部枝量。同时,还应注意在前端多留花果,后部少留,逐年调整,直至内外长势平衡。

103. 放任树的修剪有什么特点?

多年放任不剪的梨树大枝多而密生,无主次之分,内膛枝直立、细弱、交叉混乱,光照条件差,结果枝组少而寿命短。对放任树的修剪,应本着"因树制宜、随枝作形、因势利导、多年搞成"的原则进行改造,不要强求树型,大拉大砍,急于求成。

先从现有大枝中选定永久性骨干枝,逐年疏除多余大枝,对可以保留的大枝开张角度,削弱长势,辅养树体并促进结果。然后在保留的骨干枝上选择培养侧枝和各类结果枝组。对生长较旺的1年生枝,选位置好、方位正、有生长空间的,从饱满芽处剪,对留下的背后枝、斜生枝,可选作侧枝和为培养中、大型结果枝组作准备;

另一部分1年生枝甩放不剪，结果后回缩培养中、小型枝组，背上过密的一年生枝疏除或夏季拿枝结果。对小枝细致修剪，去弱留强，适当回缩。树冠过高时，要落头开心，清理外围密集枝、竞争枝，调整枝条分布范围及从属关系，做到层次分明，通风透光。对过密的短果枝群，疏密留稀，疏弱留强，结果适量。

104. 郁闭果园果树的修剪有什么特点？

合理的树体结构，不仅要控制树高，保持行间距，而且叶幕层不能太厚，才可保证树体通风透光，若对中央领导干上骨干枝以外的大、中枝控制不当，或主、侧枝的背上枝放任生长，或枝组过大、过密，会造成树冠郁闭，内膛光照差。

解决的办法是：一是及时回缩或疏除中央领导干上骨干枝以外大、中枝和主、侧枝背上过密的多年生直立大型枝组，以保持一定的叶幕间距，大枝应分批疏除，每年疏除1～2个，采收后疏除大枝是最佳时期；二是及时疏除或回缩冠内交叉、重叠、并生的密集枝或枝组，压缩过大的枝组；三是对骨干枝背上的1年生直立旺枝和徒长枝，在结果期一般均应疏除，盛果期后，在较有空间的位置，可改变角度培养成枝组；对长势中庸或细弱的1年生枝，可根据空间大小或疏除或缓放后，培养成结果枝组。

第十章　套袋梨树的病虫害防治

105. 病虫害防治的原则是什么?

积极贯彻“预防为主,综合防治”的植保方针。以农业和物理防治为基础,提倡生物防治,按照病虫害的发生规律和经济阈值,科学使用化学防治技术,有效控制病虫危害。改善田间生态系统,创造适宜梨树生长而不利于病虫发生的环境条件,本着当时当地可供使用的农药、器械等条件,采取有效措施,综合考虑,才能控制病虫危害在经济允许水平之下,达到生产安全、优质、无公害梨果的目的。

106. 农业防治的措施有哪些?

(1)选抗逆性强的品种和无病毒苗木　生产中,在保证梨果优质的基础上,尽量选用抗逆性强的品种和无病毒苗木,不仅可以提高植株生长势强,树体健壮,抗病虫能力强,还可以减少病虫害防治的用药次数,为无公害梨果生产创造条件。

(2)果园种草和营造防护林　果园行间种植绿肥(包括豆类和十字花科植物),既可固氮提高土壤有机质含量,又可为害虫天敌提供食物和活动场所,减轻虫害的发生。有条件的果园,可营造防护林,改善果园的生态条件,建造良好的小气候环境。

(3)清理果园　果园要及时清理病虫果和枝叶虫苞。冬季清除树下落叶、落果和其他杂草,集中烧毁,消灭越冬害虫和病菌。及时刮除老翘皮,刮皮前在树下铺塑料布,将刮除物质集中烧毁,并利用生石灰和石硫合剂混合材料对树干涂白杀死树上越冬虫卵、病菌，减少日灼和冻害。越冬前，深翻树盘可以消灭部分土中越冬病虫，然后浇水保墒。

(4)加强栽培管理 病虫害防治与品种布局、管理制度有关。切忌多品种、不同树龄混合栽植，不同品种、树龄病虫害发生种类和发生时期不尽相同，对病虫的抗性也有差异，不利于统一防治。加强肥水管理可提高果树抗虫抗病能力，采用适当修剪可以改善果园通风条件，减轻病虫害的发生。果实套袋可以把果实与外界隔离，减少病原菌的侵染机会，阻止害虫为害果实，也可避免农药与果实直接接触，提高果面光洁度，减少农药残留。

(5)提高采果质量 果实采收要轻采轻放，避免机械损害，采后必须进行商品化处理，防止有害物质对果实的污染，贮藏保鲜和运输销售过程中保持清洁卫生，减少病虫侵染。

107. 物理防治的措施有哪些?

利用害虫的生活习性，如设置黑光灯、频振式杀虫灯和糖醋液、性诱剂等进行诱杀，设置黄板诱蚜等。早春铺设反光膜或树干覆草，防止病原菌和害虫上树侵染，有利于将病虫集中诱杀。也可人工捕捉成虫，深挖幼虫或中间种植寄生植物诱集。

108. 生物防治的措施有哪些?

生物防治法包括保护和利用天敌、使用微生物农药以及利用昆虫性外激素诱杀或干扰雄成虫正常交配等。利用天敌防治害虫的优点是：害虫的天敌种类多，繁殖快，每种害虫几乎均有一些天敌昆虫；不会污染果品，对人畜安全；有利于保护果园生态环境，不易使害虫再猖獗；成本低，防治效果较长久；不少天敌昆虫还可兼治多种害虫。

果园害虫的天敌分为捕食性和寄生性两大类。前者主要包括瓢虫、草蛉、小花蝽、蓟马、食蚜蝇、捕食螨、蜘蛛和鸟类，后者包括各种寄生蜂、寄生蝇、寄生菌等，能有效防治蚜虫、梨木虱、梨小食心虫、螨类等害虫。昆虫病原线虫是一类专门寄生昆虫的线虫，进入昆虫体内迅速释放出所带的共生菌，使昆虫感染而死亡，对食心虫、天牛等有较好防治效果。梨二叉蚜的天敌有瓢虫、草蛉、食蚜蝇、蚜茧蜂等；梨木虱的天敌有花蝽、瓢虫、草蛉、蓟马、肉食性螨、寄生蜂等；梨圆介壳虫的天敌有红点唇瓢虫、肾斑唇瓢虫、跳小蜂、短缘毛介小蜂等。

保护和利用天敌，可以有效地控制害虫为害。因此，在天敌发生盛期应避免使用广谱性杀虫剂，以防止杀伤天敌。也可以人工饲养天敌，然后释放于果园当中。

109. 梨树禁止使用和限制使用的农药有哪些？

(1)禁止使用剧毒、高毒、高残留农药和致畸、致癌、致突变农药 根据中华人民共和国农业部第199号公告，国家明令禁止使用六六六、滴滴涕、毒杀芬、二溴氯丙烷、二溴乙烷、杀虫脒、除草醚、艾氏剂、狄氏剂、甘氟、毒鼠强、氟乙酸钠、毒鼠硅、砷类、铅类等18种农药，并规定甲胺磷、甲基对硫磷、对硫磷、氧化乐果、三氯杀螨醇、久效磷、磷胺、甲拌磷、甲基异柳磷、特丁硫磷、甲基硫环磷、治螟磷、内吸磷、克百威、涕灭威、灭线磷、硫环磷、蝇毒磷、地虫硫磷、氯唑磷、苯线磷、福美胂等农药不得在果树上使用。

(2)允许使用生物源农药、矿物源农药及低毒、低残留的化学农药 允许使用的杀虫杀螨剂有Bt制剂(苏云金杆菌)、白僵菌制剂、烟碱、苦参碱、阿维菌素、浏阳霉素、敌百虫、辛硫磷、螨死净、吡虫啉、啶虫脒、灭幼脲3号、抑太保、杀铃脲、扑虱灵、卡死克、加德士敌死虫、马拉硫磷、尼索朗等；允许使用的杀菌剂有中生菌素、多氧霉素、农用链霉素、波尔多液、石硫合剂、菌毒清、腐必清、农抗120、甲基硫菌灵、多菌灵、扑海因(异菌脲)、粉锈宁、代森锰锌类(大生M—45、喷克)、百菌清、福星、乙磷铝、易保等。

(3)限制使用的中等毒性农药 品种有功夫、灭扫利、来福灵、氰戊菊酯、氯氰菊酯、敌敌畏、哒螨灵、抗蚜威、乐斯本(毒死蜱)、杀螟硫磷等。限制使用的农药每种每年最多使用一次,安全间隔期在30天以上。

110. 科学使用农药的基本原则是什么?

按GB4285、GB/T8321.1、GB/T8321.2、GB/T8321.3、GB/T8321.4、GB/T8321.5、GB/T8321.6和GB/T8321.7等农药使用国家标准的规定执行,严格按照规定的浓度、每年使用次数和安全间隔期要求施用,喷药均匀周到;农药混剂执行其中残留性最大的有效成分的安全间隔期,并注意不同作用机理农药的交替使用和合理混用,以延缓病虫的抗药性,提高防治效果。

(1)选择农药 根据防治对象和农药的性能选择农药。不同类别的防治对象(害虫、病菌、杂草等)对农药的反应各不相同,同一类防治对象中不同种(如某一种还虫或一种病菌)对农药的反应也不相同,甚至同种中不同种群或生理小种,对药剂的敏感性也不一样。因此,使用农药首先必须明确防治对象的种类。当一种防治对象有多种农药可供选择时,应选用高效、经济、安全的品种。另外,还要根据环境因素选用药剂。选用某种农药时,除要考虑防治对象、农作物以及药剂因素外,还要兼顾当时施药的环境因素,如温度、湿度、风雨、土壤酸碱度等。只有具备施药条件后,才能取得最佳施药效果。

(2)用药时期 根据防治对象的发生情况及环境条件,确定施药时期。防治害虫应按"防治指标"进行施药。防治指标是根据害虫发生的数量估计可能造成的为害损失而制定出来的。应用防治指标指导施药,可避免使用农药的盲目性。防治作物病害的施药适期,大多数在病害将要发生或发病初期开始喷药。使用保护性杀菌剂,应在病菌侵入作物组织之前施药。

(3)用药量　掌握有效用药量，适量施药。农药的有效用药量(或浓度)是通过田间试验获得的。随着季节、环境条件等的改变，或者防治对象、生长发育阶段的不同施药，要达到好的防治效果，其有效用药量也就必然有变化。因此，每种农药对某种防治对象都有一个有效用量范围。

(4)施药方法　按照施药目标和农药特性，采用恰当的施药方法。各种施药方法，可针对病虫危害方式、发生部位及农药的特性等，采用适宜的施药方法。

111. 什么是无公害农药？

所谓无公害农药就是指用药量少，防治效果好，对人畜及各种有益生物的毒性小或无毒，在外界环境中易于分解，不造成对环境及农产品污染的高效、低毒、低残留农药。用药量必须从实际出发，通过试验，确定经济有效的使用浓度和药量，不宜过高过低。要注意农药安全间隔期，使其农药残留量必须低于国家规定的允许标准。

112. 梨树出现药害怎么办？

由于用药不当，梨树可能会产生药害，因此应采用以下补救措施：①如果施药浓度过高造成药害，可喷清水，以冲去残留在叶片表面的农药。②喷高锰酸钾 6 000 倍液能有效地缓解药害。③结合浇水，补施一些速效化肥，同时中耕松土，能有效地促进梨树尽快恢复生长发育。在药害未完全解除之前，尽量减少使用农药，尤其是同类农药要停止使用。

113. 拟除虫菊酯类农药使用时应注意什么？

拟除虫菊酯类农药使用时应注意以下几个方面：①拟除虫菊

酯类药剂杀虫谱,对天敌杀伤力大,所以要限制其使用范围和次数。②严格掌握用药量。应严格按使用说明书用药,切不可随意加大药量,尤其在初次使用该类药剂时要更加注意用药量,不能过高。③应合理地轮换使用或与其他种类药剂混合使用,防止和延缓害虫对该类农药产生抗性。④多数菊酯类农药对螨类防治效果差,若需要治螨,应与专用杀螨剂混合使用。⑤主要以触杀为主,喷雾应均匀周到。⑥对蜜蜂和家蚕毒性大,用时注意安全。

114. 阿维菌素使用方法是什么?

阿维菌素是一种大环内酯双糖类化合物。是从土壤微生物中分离的天然产物,对昆虫和螨类具有触杀和胃毒作用,并有微弱的熏蒸作用,无内吸作用。但它对叶片有很强的渗透作用,可杀死表皮下的害虫,且残效期长。不杀卵。其作用机制与一般杀虫剂不同,它主要干扰神经生理活动,刺激释放 r—氨基丁酸,抑制节肢动物的神经传导,成、若螨和昆虫幼虫与药剂接触后即出现麻痹症状,不活动不取食,2～4 天后死亡。因不引起昆虫迅速脱水,所以其致死作用较慢。虽然对捕食性和寄生性天敌虽有直接杀伤作用,但因植物表面残留少,因此对益虫的损伤小。

防治梨树蚜虫、食心虫、梨木虱等害虫、螨虫发生初期,可用 1.8%乳油 5 000 倍液防治;二斑叶螨可用 1.8%乳油 4 000 倍液防治;梨木虱可用 1.8%乳油 3 000～4 000 倍液防治;食心虫可用 1.8%乳油 2 000～4 000 倍液防治。

注意事项:①阿维菌素原药属于高毒农药,但其制剂属低毒农药,发生中毒时应及时催吐,并就医诊治。②对鱼高毒,使用时禁止污染水塘、河流,蜜蜂采蜜期禁止施药。③可用于绿色天然食品生产,安全间隔期 20 天。

115. 波尔多液使用时应注意哪些问题？

波尔多液作为无机保护性杀菌剂，防治范围较广，可防治梨树多种病害，且持效期较长，可达 15～20 天。防治梨树病害在梨果生产中后期使用 1∶2～2.5∶240（硫酸铜∶生石灰∶水）波尔多液与有机杀菌剂交替使用，可防治黑星病、轮纹病、黑斑病、锈病、褐斑病等。喷药次数要根据侵染期和降雨情况，多为 15～20 天喷 1 次。

长期贮存会出现分层现象，用前摇匀，不影响药效；避免在雨前、雨后或露水未干的情况下施药，以免发生药害。

116. 怎样配制波尔多液？

要精选配制原料。配制波尔多液时应选用优良、纯净、白色、重量轻的块状石灰，硫酸铜应选用蓝色结晶品，如果呈黄色或绿色粉末状则不宜使用。

要严格遵循配制程序。配制时，先将硫酸铜在非金属容器内用适量热水化开，然后过滤，加入总水量的 10%，化开后也要滤出残渣。将滤好的石灰液倒入大缸或水泥池中，再将硫酸铜溶液慢慢倒入缸内或水泥池中的石灰液中，边倒边用力搅拌，倒完后再继续搅拌 2～3 分钟。绝对不能将石灰液倒入硫酸铜溶液中，否则配制的药液沉淀快，易发生药害。另外，药液配好后最好马上使用，不宜久放。

117. 波尔多液为什么容易发生药害？

一是一些树种、品种对波尔多液敏感。如桃、杏、李树在生长期对铜敏感，极易发生药害；波尔多液中的石灰量低于倍量式时，梨、苹果（尤其是金冠品种）、山楂、柿树等易发生药害；波尔多液中石灰量高于等量式时，葡萄中的龙眼、无核紫等品种易发生药害。

二是配制波尔多液时，硫酸铜溶解不彻底，连同药渣喷到果实上时，会使果面上发生红褐色药害斑点，降低果实品质。三是与石硫合剂、退菌特等混用，或喷药间隔时间太短，也会发生药害。四是喷药后，药液未干即遇降雨或叶片上露水未干时喷药，会使叶面上可溶性铜的含量骤然增加，引起叶片灼伤。喷波尔多液后经过一段时间，若遇到较大风雨时，也会使叶面上可溶性铜的含量迅速增加，使叶片焦枯，发生"风雨药害"。

118. 如何预防波尔多液产生药害？

(1)要注意喷药适期 梨落花后1个月内和果实临近成熟时，不宜使用波尔多液，以防果面锈斑，或影响着色。此期需喷杀菌剂时，可使用多菌灵、甲基硫菌灵等。

(2)不同果树要采用不同的配比浓度 对铜离子特别敏感的桃、杏、李的等核果类果树，在生长季节不能使用波尔多液。对其他树种，也要根据其敏感程度，选用不同的配方和配比。如对铜敏感，选用不同的配方和配比。对石灰和铜都不太敏感的梨树，可选用石灰等量式配比。对石灰敏感而对铜忍耐性强的葡萄，可选用石灰半量式配比。

(3)合理混用 波尔多液不能与石硫合剂、退菌特等混合使用。梨树喷过石硫合剂10～15天后，才能喷波尔多液；喷过波尔多液后20～30天，才能喷用石硫合剂。由于波尔多液与石硫合剂相混，石硫合剂中的硫化物能使波尔多液发生分解，产生过量的可溶性铜，易使作物产生药害。受害叶片或果实呈灼烧状病斑，叶片干缩，并能引起落叶落果。因此，波尔多液与石硫合剂也不能连用。

(4)注意天气的变化 喷布波尔多液时，应选择晴朗、无露水的时候进行。炎热夏天喷药时，应避开高温的中午，从而避免石灰在高温下引起药害。雨季喷药，要尽量避开风雨天气，同时在配药时要适当加大石灰的用量和配比。

119. 果园施用石硫合剂要注意什么？

石硫合剂虽然是一种常用的杀虫、杀菌剂，但使用不当效果差，有时还会发生药害。生产中具体应用时，注意如下几个方面。

(1)适时适期施药 要注意果树种类和生育阶段，有的果树对硫黄较敏感，盲目使用会产生药害。一般情况下，石硫合剂可在苹果、桃、梨、葡萄等果树上应用。但在李树上不宜使用石硫合剂，否则，抑制其花芽分化，造成翌年减产。果树坐果后，不要使用石硫合剂，否则易引起大量落果。

(2)使用浓度不要过高 要根据气候条件及防治对象来确定，否则易产生药害。冬季气温低，植株处于休眠阶段，使用浓度高些；夏季气温高，使用浓度宜低些。一般情况下，梨树休眠期石硫合剂适宜使用浓度为 3～4 波美度；萌芽后及开花前，石硫合剂适宜使用浓度为 0.3～0.5 波美度。

(3)不要随意混用 石硫合剂为强碱性药剂，不可与有机磷农药及其他忌碱农药混用，否则酸碱中和，降低药效，甚至还会引起药害，也不可把石硫合剂与铜制剂农药混用。另外，不要长时间使用石硫合剂，应与其他农药交替使用。

120. 代森锰锌能防治哪些病害？

代森锰锌为低毒杀菌剂，也是广谱保护性杀菌剂，对多种作物叶斑病及果树、蔬菜上的炭疽病、旱疫病等有良好的防效。长期使用，代森锰锌不会使病菌产生抗性。

防治梨树黑星病、轮纹病、黑斑病、锈病、褐斑病等，用 80%代森锰锌可湿性粉剂 600～800 倍液。喷药次数视侵染期和降雨情况，多为 10～15 天喷 1 次，并与其他杀菌剂交替使用。

贮存时要注意防潮，密封保存在干燥阴凉处，以防分解失效；

不要与铜制剂和碱性药剂混用;代森锰锌商品名较多,使用时须注意,避免重复用药。

121. 多菌灵能防治哪些病害?

多菌灵为高效低毒内吸性杀菌剂,有内吸治疗和保护作用,对多种作物由真菌(如半知菌、多子囊菌)引起的病害有防治效果。

防治梨树病害,用50%多菌灵可湿性粉剂600倍液于落花后7～10天开始喷药,以后视降雨情况,喷药间隔期为10～15天。长期单一使用多菌灵易使病菌产生抗药性,应与其他杀菌剂轮换使用或混合使用。

122. 如何防治梨腐烂病?

梨腐烂病又名臭皮病。是由一种弱寄生性真菌侵染所致。全国各地梨产区均有发生,主要发生在7～8年生以上的盛果期梨树上,是梨树重要的枝干病害。

(1)危害症状 主要危害树干、主枝和侧枝,使感病部位树皮腐烂。症状有溃疡型和枝枯型两种。溃疡型在发病初期发病部位稍肿起,水渍状,红褐色至暗褐色,手指按压稍下陷,病斑多呈圆形或不规则形,常溢出红褐色汁液,有酒糟味。后期病斑干缩下陷,病、健交界处龟裂,表面密生黑色小粒,此为病菌子座及分生孢子器。潮湿时,涌出淡黄色卷丝状孢子角。枝枯型在小枝上发病,病斑无明显水渍状,枝枯死亡,病皮表面密生黑色小点。该病在中国梨上病部扩展较慢,西洋梨易感病,病部可深达木质部,破坏形成层,扩展迅速,致使枝干死亡。

(2)病原及发生规律 病原菌以子囊壳、分生孢子器或菌丝体的形式在病组织上越冬,春天形成子囊孢子或分生孢子,借风雨传播,造成新的侵染。一年有春季、秋季两个发病高峰,春季是病菌侵染和病斑扩展最快的时期,秋季次之。由于病原菌的寄生性较弱，具有潜伏侵染的现象，侵染和繁殖一般发生在生长活力低或近死亡的组织上。各种导致树势衰弱的因素（如立地条件或土壤管理差而造成根系生长不良，施肥不足、干旱，结果过多或大小年现象严重，病虫害、冻害严重，修剪不良或过重以及大伤口过多等），均可诱发腐烂病的发生。肥水管理得当，生长势旺盛，树体结构合理的梨树发病轻。

(3)防治方法　①科学管理，加强土肥水，防止冻害和日灼，合理负载，增强树势，提高树体抗病能力，是防治腐烂病的关键措施。秋季树干涂白可防止冻害。②春季发芽前全树喷2%农抗120水剂100～200倍液或5波美度石硫合剂铲除树体上的潜伏病菌。③早春和晚秋发现病斑及时刮治，病斑应刮净、刮平，或者用刀顺病斑纵向划道，间隔5毫米左右，然后涂抹843康复剂原液、5%安素菌毒清100～200倍液、2%农抗120或腐必清原液10～30倍液等药剂，以防止复发。

另外，随时剪除病枝并烧毁，减少病原菌数量。

123. 如何防治梨黑星病？

(1)危害症状　又叫疮痂病。我国各地梨产区普遍发生。梨黑星病是我国梨区发生和危害严重的病害之一，主要危害果实、果梗、叶片、嫩梢、叶柄、芽和花等部位。

叶片发病，最初表现为近圆形或不规则形、淡黄色病斑，一般沿叶脉的病斑较长，随病情发展先在叶背面沿支脉病斑上长出黑色霉层，严重时病斑连成一片，整个叶背布满黑霉，造成早期落叶。在叶柄上表现为近椭圆形、略凹陷的病斑，上布满黑霉，当黑霉环绕叶柄一周时，叶片干枯脱落。在新梢上是从基部开始形成病斑，初期褐色，随病斑扩大，病斑上产生一层黑色霉层，病疤凹陷、龟裂，发生严重可导致新梢枯死。发病新梢是重要的初侵染源。果实感病初为黄色近圆形大小不等的病斑，病、健部界限清晰，随病斑扩大，病斑凹陷并在其上形成黑色霉层。处于发育期的果实发病，因病部组织木栓化而在果实上形成龟裂的疮痂，从而造成果实畸形。嫩芽发病时，鳞片及芽基布满黑霉，病芽生长不良或枯死。果柄上的症状与叶柄相似。

所有发病组织上的黑色霉层都是病原菌的菌丝体、分生孢梗和分生孢子，这是当年初侵染和多次再侵染的基础。叶片发病严重，可导致提前落叶，引起树势衰弱；果实发病则完全失去商品价值，新梢发病可造成新梢死亡。

(2)病原及发生规律 病菌以分生孢子和菌丝在芽鳞片、病果、病叶和病梢上或以未成熟的子囊壳在落地病叶中越冬。春季由病芽抽生的新梢、花器首先发病，成为感染中心，靠风雨传播给附近的叶片、果实等。梨黑星病病原菌寄生性强，病害流行性强。一年中可以多次侵染，高温、多湿有利于发病。降雨在 800 毫米以上或空气湿度过大时，容易引起病害流行。华北地区 4 月下旬开始发病，7～8 月份是发病盛期。

另外，树冠郁闭，通风透光不良，树势衰弱，或地势低洼的梨园发病严重。梨品种间有差异，中国梨最感病，日本梨次之，西洋梨较抗病。

(3)防治方法 ①梨黑星病高发地区，注意选择抗病品种栽植。②合理修剪，改善冠内通风透光条件。在施肥上注意增施有机肥和叶面喷布微肥，避免偏施氮肥造成枝条徒长。③人工剪除病芽梢。从新梢生长之初就开始，及时检查剪除发病新梢，对上年发病重的区域和单株要更加注意。剪除病芽、病梢的同时，及时的喷药保护是目前控制梨黑星病流行的最有效方法。④ 及时喷药防治。视降雨情况，从发病初期开始，每隔 10～15 天喷布一次杀菌剂。常用药剂有 1∶2∶240(硫酸铜∶生石灰∶水)、50％多菌灵 600～800 倍液、70％甲基硫菌灵 800 倍液、40％氟硅唑乳剂 4 000～5 000 倍液、80％代森锰锌 800 倍液、12.5％烯唑醇可湿性粉剂 2 000 倍液等。波尔多液与其他杀菌剂交替使用效果更好。

124. 如何防治梨轮纹病？

(1)危害症状　又称粗皮病，分布遍及全国各梨产区。病菌可侵染枝干、果实和叶片。在枝干上通常以皮孔为中心形成深褐色病斑，单个病斑圆形，直径 5～15 毫米，初期病斑略隆起，后边缘下陷，从病、健交界处裂开。常常是多个病斑连在一起，形成不规则的大斑，春天病斑上形成许多黑色小点为病菌分生孢子器。在果实上一般在近成熟期发病，先是以皮孔为中心，出现水渍状褐色圆形斑点，后病斑逐渐扩大呈深褐色并出现明显的同心轮纹，病果很快腐烂。潜伏侵染的果实在贮存期发病腐烂。在叶上表现为多在叶缘产生不规则褐色病斑，同心轮纹明显，叶片上有多个病斑时，能造成叶片干枯脱落。

(2)病原及发生规律　病菌以菌丝体和分生孢子器或子囊壳在病枝干上越冬。翌年春季从病组织产生孢子，成为初侵染源。分生孢子借雨水传播造成枝干、果实和叶片的侵染。枝干当年形成的病斑上不形成分生孢子，从病斑形成第二年开始的 2～3 年是形成分生孢子最主要时期。梨轮纹病在枝干和果实上有潜伏侵染的特性，尤其在果实上很多都是早期侵染，成熟期发病，其潜育期的长短主要受果实发育和温度的影响。发生与降雨有关，一般落花后每一次降雨，即有一次侵袭；也与树势有关，一般管理粗放树体生长势弱的树发病重。日本梨品种发病重，中国梨中的鸭梨、早酥梨、秋白梨发病也比较重。

(3)防治方法　①加强栽培管理，增强树势，提高抗病能力。彻底清理梨园，减少病菌基数。②铲除初侵染源。春季发芽前刮除病瘤，全树喷洒 5%安素菌毒清 100～200 倍液或 40%氟硅唑乳剂 2 000～3 000 倍液。③及时喷药，保护果实。生长季节于谢花后，每半月左右喷一次杀菌剂。常用药剂可选用：50%多菌灵600～800倍液、70%甲基硫菌灵800倍液、40%氟硅唑乳剂4 000～5 000倍液、80%代森锰锌800倍液等，并与石灰倍量式波尔多液交替使用。

125. 如何防治梨白粉病？

(1)危害特点 主要危害老叶，先在树冠下部老叶上发生，再向上蔓延。7月份开始发病，秋季为发病盛期。最初在叶背面产生圆形的白色霉点，继续扩展成不规则白色粉状霉斑，严重时布满整个叶片。生白色霉斑的叶片正面，初呈黄绿色至黄色不规则病斑，严重时病叶萎缩、变褐枯死或脱落。后期白粉状物上产生黄褐色至黑色的小颗粒。

(2)病原及发病规律 病原菌属子囊菌梨球针壳菌。白粉病菌以闭囊壳在落叶上及黏附在枝梢上越冬。子囊孢子通过雨水传播侵入梨叶，病叶上产生的分生孢子进行再侵染，秋季进入发病盛期。密植梨园、通风不畅、排水不良或偏施氮肥的梨树容易发病。

(3)防治方法 ①秋后彻底清扫落叶，并进行土壤耕翻，合理施肥，适当修剪，发芽前喷一次3～5波美度石硫合剂。②加强栽培管理，增施有机肥，防止偏施氮肥，合理修剪，使树冠通风透光。③药剂防治。发病前或发病初期喷药防治。药剂可选用：0.2～0.3波美度石硫合剂、70%甲基硫菌灵可湿性粉剂800倍液、15%粉锈宁乳油1 500～2 000倍液、12.5%腈菌唑乳油2 500倍液。

126. 如何防治梨锈病？

又称赤星病、羊胡子。全国各梨产区普遍发生。病原菌属担子菌锈菌目胶锈菌属，其转主寄生是桧柏属植物。

(1)危害症状 侵染叶片也危害果实、叶柄和果柄。侵染叶片后，在叶片正面表现为橙色，近圆形病斑，病斑略凹陷，斑上密生黄色针头状小点，此为病菌性孢子器，斑上溢出黄色黏液为病原菌性孢子。叶背面病斑略突起，后期长出黄褐色毛状物，为病原菌锈子器，成熟后锈子器顶端破裂，散出黄褐色粉状物，此为病菌锈孢子。果实和果柄上的症状与叶背症状相似，幼果发病能造成果实畸形和早落。由于锈病菌具有转主寄生的习性，其转主寄生——桧柏类植物的分布和数量是影响梨锈病发生的重要因素。在桧柏类植物分布广泛的地区，梨锈病发生较普遍。

(2)病原及发生规律 病菌只在春季侵染一次梨树，是典型的单病程病害。病菌以多年生菌丝体在桧柏类植物的发病部位越冬，春天形成冬孢子角，冬孢子角在梨树发芽展叶期吸水膨胀，萌发产生担孢子，随风传播至梨树上造成侵染。在梨叶正面形成不同的性孢子器，受精后在叶背产生锈孢子器，锈孢子器产生锈孢子随风传播至桧柏类植物上，在其上越夏、越冬。桧柏类植物的多少和远近是影响梨锈病发生的重要因素。在梨树发芽展叶期，多雨有利于冬孢子角的吸水膨胀和冬孢子的萌发、担孢子的形成，风向和风力有利于担孢子的传播时，梨锈病发生严重。白梨和沙梨系的品种都不同程度地感病，西洋梨较抗病。

(3)防治方法 ① 彻底铲除梨园周围 5 000 米以内的桧柏类植物，是防治梨锈病的最根本方法。② 在桧柏植物上喷药抑制冬孢子的萌发和锈孢子的侵染。对不能砍除的桧柏类植物要在春季冬孢子萌发前及时剪除病枝并销毁，消灭桧柏上的病原。③ 喷药保护梨树。梨树从萌芽至展叶后 25 天内喷药保护。一般萌芽期喷布第一次药剂，以后每 10 天左右喷布一次。早期药剂使用 65％代森锰锌 400～600 倍液，或 20％萎锈灵 400 液倍；花后选用 200 倍石灰倍量式波尔多液、20％粉锈宁 1500 倍液、80％代森锰锌 800 倍液、12.5％速保利可湿性粉剂 2 000～3 000 倍液。

127. 如何防治西洋梨干枯病？

主要发生在华北和东北各省。一般是零星发生，个别园片较重。病原菌属子囊菌间座菌属，无性世代属拟茎点霉属。

(1)危害症状　在大树上一般危害主干和主枝，主要侵染小枝条和较小的结果枝组。初期在枝组的基部表现为红褐色病斑，随病斑的扩大，开始干枯凹陷，在病、健交界处裂开，病斑也形成纵裂，最后枝组枯死。枝上的花、叶、果也随之萎蔫并干枯。病斑上形成的黑色突起为病原菌的分生孢子器或子囊壳。

(2)病原及发生规律　病菌以菌丝体或分生孢子、子囊壳在病组织上越冬，翌年春天病斑上形成分生孢子，借雨水传播，一般是从修剪和其他的机械伤口侵入，也能直接侵染芽体。一般幼树和成龄树均可发生，往往是在主干或主枝基部发生腐烂病或干腐病后，树体或主枝生长势衰弱，其上的中小枝组发病较重。以秋子梨和西洋梨系品种发生重，白梨系品种发病较轻，生长势衰弱的树发病较重。

(3)防治方法　① 加强栽培管理，增强树势。② 加强树体保护，减少伤口。对修剪后的大伤口，及时涂抹油漆或动物油，以防止伤口水分散发过快而影响愈合。③ 从幼树期开始，坚持每年树干涂白，防止冻伤和日灼。④ 每年芽前喷石硫合剂，生长期喷施杀菌剂时要注意全树各枝上均匀着药。

128. 如何防治梨黄叶病？

梨黄叶病属于生理病害，北方梨区广泛发生，其中以东部沿海地区和内陆低洼盐碱区发生较重，往往是成片发生，在中性砂土上也有不同程度的发生。

(1) 危害症状　症状是从新梢叶片开始，叶色由淡绿变成黄色，仅叶脉保持绿色，严重发生的整个叶片是黄白色，在叶缘形成焦枯坏死斑。发病新梢枝条细弱，节间延长，腋芽不充实，梨树从幼苗到成龄的各个阶段都可发生。最终造成树势下降，发病枝条不充实，抗寒性和萌芽率降低。

(2)发病规律 缺铁症状从新梢开始就可表现，有时在新梢停长或雨季到来后症状有所减轻。一般土壤中铁的含量是丰富的，在碱性土壤中由于盐基的作用使活性铁转化成非活性铁，而不能被植物吸收利用，形成缺铁性失绿，因而缺铁性黄化多发生在盐碱地区。在这种土壤中，不能通过土施铁盐的方法改变黄化症状。在中性土壤中，肥水过量，尤其偏施氮肥，造成新梢生长过量，铁元素吸收不足，也会使新梢表现出不同程度的缺铁失绿症状，这种情况下能通过平衡施肥，增施有机肥，控制新梢生长等方法使缺铁失绿得到缓解。

(3)防治方法 ①改土施肥，在盐碱地定植梨树，除大坑定植外，还应进行改土施肥。方法是从定植的当年开始，每年秋天挖沟，将好土和杂草、树叶、秸秆等加上适量的碳酸氢铵和过磷酸钙混合后回填。第一年改良株间的土壤，第二年沿行间从一侧开沟，第三年改造另一侧。经过4～5年的改造，当梨树进入盛果期以后，不仅全园的土壤得已改良，还能极大地提高土壤有机质的含量，为优质丰产奠定基础。②平衡施肥，尤其要注意增施磷钾肥、有机肥、微肥。③叶面喷施300倍硫酸亚铁溶液。根据黄化程度，每间隔7～10天喷1次，连喷2～3次。也可根据历年黄化发生的程度，对重病株芽前喷施80～100倍硫酸亚铁溶液。柠檬酸铁和黄腐酸铁也具有矫正缺铁的作用。

129. 如何防治梨缩果病？

北方梨区普遍发生的一种生理性病害，其危害是在果实上形成缩果症状，使果实完全失去商品价值。

(1)危害症状 不同品种对缺硼的耐受能力不同，不同品种上的缩果症状差异也很大。鸭梨严重发病时，单株自幼果期就显现症状，果实上形成数个凹陷病斑，严重影响果实的发育，最终形成猴头果。凹陷部位皮下组织木栓化。中轻度发生的不影响果实的正常膨大，在果实生长的后期出现数个深绿色凹陷斑，随果实的发育凹陷加剧，最终导致果实表面凹凸不平。在沙梨和秋子梨的某些品种上，凹陷斑变褐色，斑下组织亦变褐、木栓化甚至病斑龟裂。

(2)发病规律　梨缩果病是由缺硼引发的一种生理性病害。缩果病在偏碱性土壤的梨园和地区发生较重。另外硼元素的吸收与土壤湿度有关，过湿或过干都影响到梨树对硼元素的吸收。因此，在干旱贫瘠的山坡地和低洼易涝地，梨果更容易发生缩果病。

(3)防治方法　① 加强土肥水管理，干旱年份注意及时浇水，低洼易涝地注意及时排涝，维持适中的土壤水分状况，保证梨树正常生长发育。② 叶面喷硼肥。对有缺硼症状的单株和园片，从幼果期开始，每隔 7～10 天喷施硼酸 300 倍液或硼砂溶液，连喷 2～3 次，能收到较好的效果。也可以结合春季施肥，根据植株的大小和缺硼发生的程度，单株根施 100～150 克硼酸或硼砂。

130. 如何防治梨褐斑病？

(1)危害症状　褐斑病在叶片上呈单个圆形病斑，严重发生时，多个病斑相连成不规则形，褐色边缘清晰，后从病斑中心起变成白至灰色，边缘褐色，严重发生时，能造成提前落叶。后期斑上密生黑色小点为病原菌分生孢子器。

(2)病原及发生规律　以分生孢子器或子囊壳在落地病叶上越冬，春天形成分生孢子或子囊孢子，借风雨传播造成初侵染。初侵染病斑上形成的分生孢子进行再侵染。再侵染的次数因降雨的多少和持续时间而异，5～7 月份阴雨潮湿有利于发病。一般在 6 月中旬前后初显症状，7～8 月份进入盛发期。地势低洼潮湿的梨园发病重，修剪不当、通风透光不良和交叉郁闭严重的梨园发病重，在品种上以白梨系雪花梨发病最重。

(3)防治方法　① 强化果园卫生管理。冬季集中清理落叶，烧毁或深埋，以减少越冬病原。②加强肥水管理，合理修剪，避免郁闭，低洼果园注意及时排涝。③适时喷药保护。一般在雨季来临之前，结合轮纹病和黑星病的防治喷布杀菌剂。药剂可选用1：2：200倍波尔多液，50%多菌灵600倍液或70%甲基硫菌灵可湿性粉剂800倍液，50%异菌脲1 500倍液，80%代森锰锌可湿性粉剂800倍液，交替使用。

131. 套袋梨果如何防治黑点病？

(1)危害症状 该病是由弱寄生菌侵染引起的一种新型病斑，只侵染套袋梨果，裸果上很少发生。据研究，该病由细交链孢菌(Alternaria tenuis Nees)和粉红单端孢菌(Trichotheciurm roseurn Link)真菌侵染所致，两者单独侵染或混合侵染均能引发套袋梨的黑点病。

黑点病常在果实膨大至近成熟期发生，多发生在萼洼处、果柄基部及胴部和肩部，集中连片居多，也有零散分布。初期为针尖大小的黑色小圆点，3～5个成堆，中期连接成片甚至形成黑斑，稍凹陷，黑点直径多为0.1～1毫米，少数为1～5毫米，1毫米以下的黑点呈圆形或近圆形，1毫米以上呈不规则的圆形或椭圆形斑。后期1毫米以上的黑斑中央灰褐色，木栓化，不同程度龟裂，大的黑斑边圈黑色，圈外有黑晕或绿晕，中央龟裂，深度一般不超过1毫米，采摘后黑点或黑斑不扩大，不腐烂。

(2)发生规律 该病的发生与套袋梨品种的抗病性、气候条件、立地环境和果袋的透气性等因素有关。套袋时所选育果袋的透气性差是发生黑点病根本原因，通过不同材料的育果袋试验，发病多少依次为：报纸袋＞羊皮袋＞不套袋，选择透气性好的育果袋，可以降低袋内的温度和湿度，能减少该病的发生，通透性差的药蜡袋黑点果率高达27.09%，通透性好的纸袋黑点果率仅1.48%。

梨在花期时，雌蕊最易感染该病原，进而感染其他花器，而套袋后又提供了适宜的温度、湿度，导致该病的大发生。不同品种的梨套袋后发病程度有差异，鸭梨、绿宝石、早酥等品种套袋后发病重，皇冠、黄金、大果水晶等品种套袋后发病轻。地势平坦、排水良好的砂壤土果园发病较轻，反之发病重。结果部位在树体1.5米以下的套袋果发病率高于1.5米以上的位置，黑点病水平分布树冠中部最多，垂直分布树冠下部较多，不同方位差异不明显。

(2)防治方法

①套袋梨园的标准　选取建园标准高、地势平整、排灌设施完善、土壤肥沃且通透性好、树势强壮、树型合理的梨园实施套袋。

②选用优质袋　应选择防水、隔热和透气性能好的优质复色梨袋。不用通透性差的塑膜袋或单色劣质梨袋。

③合理修剪　冬、夏修剪时，疏除交叉重叠枝条，回缩过密冗长枝条，调整树体结构，改善梨园群体和个体光照条件，保证冠内通风透光良好。

④规范操作　宜选择树冠外围的梨果套袋，尽量减少内膛梨果的套袋量。操作时，要使梨袋充分膨胀，避免纸袋紧贴果面。卡口时，可用棉球或剥掉外包纸的香烟过滤烟嘴包裹果柄，严密封堵袋口，防止病菌、害虫侵入。

⑤加强管理　结合秋季深耕，增施有机肥，控制氮肥用量。土壤黏重梨园，可掺砂改土。7～8月份，降雨量大时，注意及时排水和中耕散墒，降低梨园湿度。

⑥套袋前喷布杀菌和杀虫剂　喷药时选用优质高效的安全剂型如代森锰锌、氟硅唑、进口甲基硫菌灵、烯唑醇、多抗霉素、吡虫啉、阿维菌素等，并注意选用雾化程度高的药械，待药液完全干后再套袋。

132. 如何防治果实日灼和蜡害？

高温干旱地区，套袋梨果日灼病是目前一种发生比较普遍的病害。

(1)发病原因　有人认为，发生日灼病的机制之一是氨毒害，高温抑制氮化合物的合成，导致氮积累过多而毒害细胞，造成果实发生日灼病。套袋梨发生日灼可归纳为内部原因和外部原因。

①内部原因　梨果套袋后，梨果所处袋内环境和大气自然环境大不相同，套袋初期梨果表面组织幼嫩，生理活动比较活跃，果实内的干物质含量降低，含水量相对增多，果皮蜡质层变薄，对不良气候条件抵御能力差。此时，梨果在强烈光照下，果面温度迅速升高，蒸腾、呼吸速率加强，导致果皮失水出现日灼。

②外部原因　日灼的发生不完全取决于果面温度，强烈的日照对诱导日灼也有重要因素；果树的生长势强弱与结果部位的不同，发生日灼的程度不同。结果部位与发生日灼的关系是，树冠外围日灼率大于树冠内膛，树冠南部和西部日灼率大于树冠北部和东部；树势不稳，过弱或虚旺，贮藏营养不足，幼果角质层发育不良，对外界刺激发应敏感，易受到日灼伤害；日灼病的发生与所选的果袋及套袋去袋时间关系密切。

另外，套塑膜袋果实日灼率大于套纸袋，单层袋日灼率大于双层袋，外黄单层袋比外花单层袋日灼率高，外灰内黑比外灰内红的双层袋日灼率高，而双层优质袋与对照果的日灼率基本相同；早晚或者阴天套袋发生日灼的机会相对较少，中午气温高时套袋最易发生日灼。

套袋果蜡害现象比较严重，如涂蜡纸袋在强日光照射下，纸袋内外温差5℃～10℃，袋内最高温可达55℃以上，内袋出现蜡化，灼烧幼果表面，表现为褐色烫伤，最后变成黑膏药状，幼果干缩。

(2)防治方法　据研究，用阿司匹林复配的植物解热剂格瑞3

号，施用于套袋梨树上，抗日灼病性能显著。另外，多施磷肥和钾肥均能提高梨树的抗旱性，磷、钾、硼、铜、镁和锌等微量元素，通过改善植物体中分子结构，增强分子的热稳定性，进而提高植物体的抗日灼性能。

根据当地气候条件，可适当稍晚一些套袋，预计在套袋后15天内不会出现高温天气时进行。套袋后及摘袋前，梨园浇一遍透水可有效防止日灼病及蜡害的发生，有日灼现象发生时，应立即浇水或对树体喷水，减轻危害。

133. 如何预防梨果水锈和虎皮果？

易生水锈的梨品种（如雪花梨）或降雨量大的地区套袋果易生水锈和产生虎皮果，在高温、高湿等条件的刺激下，果皮蜡质层和角质层被破坏，皮层裸露木栓化形成浅褐色至深褐色的虎皮果。高温、高湿同时存在是发生水锈和虎皮果的基本条件，因此首先选择透气性良好的纸袋，套袋时选择树体通风透光良好的部位，同时注意梨园整体枝叶稀疏，通风透光良好。

134. 梨果实贮藏期病害有哪几种？

主要在贮藏和运输过程中发生。除潜伏侵染的轮纹病、褐腐病病果在贮藏期继续发病腐烂外，还有灰霉腐烂、青霉腐烂和红粉腐烂，这3种腐烂病仅在贮藏期发生，是造成贮藏期烂果的重要病原。尤其是在贮藏条件不当，贮藏期过长时，更易大量发生，造成很大的经济损失。

(1)症状和病原

①灰霉腐烂　由 *Botrytis cinerea* 引起。病斑圆形、淡褐色、略凹陷，随病斑的扩大颜色逐渐加深。病斑的扩展速度受温湿度的影响，高温、高湿条件下的病斑扩展很快，并在斑上形成灰色霉层。

②青霉腐烂　能引起梨果实腐烂的青霉属真菌有数种，其中最主要的是扩展青霉（*Penicllium ecpansum*）。病斑圆形，褐色略凹陷。高温条件下，果实很快腐烂，并长出绿灰色霉层，并伴有霉味。

③红粉腐烂　由 *Trichothecium roseum* 侵染引起。病斑圆形，淡褐色，上生白色绒毛状霉层，随病斑的扩大霉层变成粉红色。高温、高湿条件下的病果很快腐烂且有苦味。

(2)发生规律　3 种病原菌均是在土壤和空气中大量存在的腐生真菌，都不侵染树上生长发育中的果实，都以菌丝体或分生孢子梗在冷库、包装物或其他霉变的有机物上越冬，通过气流或病健果直接接触传播。机械选果中的水流也是病菌传播的途径。采运过程中的机械伤口，病、虫危害后伤口等，都是腐生真菌侵入的途径。果实装箱后，长距离运输，果实相互挤压碰撞形成伤口，病、健果直接接触传染，造成运输途中的"烂箱"。贮藏条件不当，尤其是贮藏期过长时发生严重。值得注意的是，3 种腐烂病有交叉感染的现象。

(3)防治方法　①严格采收管理。在采收、分级、包装、装卸、运输的各个环节都要进行严格管理，最大限度地减少伤口。②入库前对冷库进行全面彻底的清理，清除各种霉变杂物，喷施杀菌剂或施放烟剂进行消毒处理。③在果实装箱前进行浸药处理，装箱后尽快入库，贮藏期定期抽样检查，及时发现病果并清除。

135. 如何防治梨木虱？

梨木虱属同翅目，木虱科。以辽宁、河北和山东梨区较发生普遍，是当前梨树的最主要害虫之一。以成、若虫刺吸芽、叶、嫩枝梢汁液进行直接为害，分泌黏液，招致杂菌，使叶片造成间接为害，出现褐斑而造成早期落叶，同时污染果实，影响品质。

(1)形态特征　成虫分冬型和夏型，冬型体长 2.8～3.2 毫米，体褐至暗褐色，具黑色斑纹。夏型成虫体略小，黄绿色，翅上无斑纹，复眼黑色，胸背有4条红黄色或黄色纵条纹。卵呈长圆形，一端尖细，具1细柄。若虫呈扁椭圆形，浅绿色，复眼红色，翅芽淡黄色，突出在身体两侧。

(2)生活史和习性 在东北地区1年发生3～5代，在河北、山东地区1年发生4～6代。以冬型成虫在落叶、杂草、土石缝隙及树皮缝内越冬，翌年2～3月份出蛰，3月中旬为出蛰盛期。在梨树发芽前，即于枝叶痕处开始产卵，发芽展叶期将卵产于幼嫩组织茸毛内，叶缘锯齿间、叶片主脉沟内等处。若虫多群集为害，有分泌黏液的习性，在黏液中生活，取食为害。直接为害盛期为6～7月份，此时出现世代交替。到7～8月份雨季，梨木虱分泌的黏液可招致杂菌，致使叶片产生褐斑并霉变坏死，引起早期落叶，造成严重间接为害。

(3)防治方法 ① 彻底清除树下的枯枝落叶杂草、刮除老树皮，消灭越冬成虫。② 在3月中旬越冬成虫出蛰盛期，喷洒菊酯类药剂1 500～2 000倍液，控制出蛰成虫基数。③ 在梨落花95%左右，即第一代若虫较集中孵化期，也就是梨木虱防治的最关键时期，此期选用：20%双甲脒1 200～1 500倍液，10%高渗双甲脒1 500倍液，10%吡虫啉3 000倍液，1.8%阿维菌素2 000～3 000倍液，35%赛丹1 500～2 000倍液等药剂，发生严重梨园，可加入洗衣粉等助剂以提高药效。

136. 如何防治梨二叉蚜？

梨二叉蚜，又名梨蚜，属同翅目，蚜科，是梨树的主要害虫。全国各梨区都有分布，以辽宁、河北、山东和山西等梨区发生普遍，以成虫、幼虫群居叶片正面为害，受害叶片向正面纵向卷曲呈筒状，被蚜虫为害后的叶片大都不能再伸展开，易脱落，且易招致梨木虱潜入。严重时可造成大批早期落叶，影响树势。

(1)形态特征　无翅胎后雌成蚜体长约2毫米，绿、暗绿或黄褐色，常疏被白色蜡粉，头部额瘤不明显，口器黑色，背中央有一条深绿色纵带。有翅胎生雌成蚜体长1.5毫米左右，翅展约5毫米，头胸部黑色，腹部绿色，额瘤微突出，口器黑色，复眼暗红色，前翅中脉分二叉，故称二叉蚜。卵椭圆形，长约0.7毫米，黑色有光泽。若蚜与无翅胎生雌蚜相似，体小，有翅若蚜胸部较大，具翅芽。

(2)生活史和习性　梨蚜1年发生10多代，以卵在梨树芽腋或小枝裂缝中越冬，翌年梨花萌动时孵化为若蚜，群集在露白的芽上为害，展叶期集中到嫩叶正面为害并繁殖，致使叶片纵卷成筒状，到落花后半月左右开始出现有翅蚜，5～6月份间转移到其他寄主上为害，9～10月份间产生有翅蚜由夏寄主返回梨树上为害，11月份产生有性蚜，交尾产卵于枝条皮缝和芽腋间越冬。北方果区春、秋两季于梨树上繁殖为害，并以春季为害较重，常造成大量卷叶，引起早期落叶。卵常散产或数粒至数十粒密集于一起。

(3)防治方法　①在发生数量不太大时，早期摘除受害叶，集中处理，消灭蚜虫。②春季芽萌动后、初孵若虫群集在梨芽上为害，或群集叶面为害，应在尚未卷叶时喷药防治，可以压低春季虫口基数，并控制前期为害。用药种类为：10%吡虫林可湿性粉剂3 000倍液、20%杀灭菊酯2 000～3 000倍液、24%万灵水剂1 000～1 500倍液、2.5%氟氯氰菊酯乳油药剂3 000倍液等药剂。③保护利用天敌。蚜虫天敌种类较多，当虫口密度较小时，天敌的作用很明显。

137. 怎样防治山楂叶螨？

山楂叶螨，又名山楂红蜘蛛，属蜱螨目，叶螨科。在我国梨和苹果产区均有发生，为害梨、苹果、桃、山楂等多种果树。成螨、若螨和幼螨刺吸芽、叶和果的汁液为害。叶受害初期出现很多失绿小斑点，逐渐扩大成片，严重时全苍白叶焦枯变褐，叶面拉丝结网，导致早期落叶，削弱树势。

(1)形态特征 雌成螨分冬、夏二型，冬型体长 0.4～0.6 毫米，朱红色有光泽；夏型体长 0.5～0.7 毫米，紫红或褐色，体背后半部两侧各有一黑斑，足浅黄色。幼螨足 3 对，体圆形黄白色，取食后卵变为浅绿色，体背两侧出现深绿长斑。若螨足 4 对，淡绿至浅黄色。体背出现刚毛，两侧有深绿斑纹，后期与成螨相似。卵球形，浅黄白至橙黄色，孵化前为橘红色。

(2)生活史和习性 北方果区 1 年发生 5～9 代，均以受精的雌成螨在树体各种缝隙内及树干附近的土缝中群集越冬。果树萌芽期，开始出蛰。出蛰后一般多集中于树冠内膛局部为害，以后逐渐向外堂扩散。常群集叶背为害，有吐丝拉网习性。山楂叶螨第一代发生较为整齐，后各代重叠的发生。6～7 月份的高温干旱，最适宜山楂叶螨的发生，数量急剧上升，形成全年为害高峰期。进入 8 月份，雨量增多，湿度增大，其种群数量逐渐减少。一般于 10 月份即进入越冬场所越冬。

(3)防治方法

①农业防治 结合果树冬季修剪，认真细致地刮除枝干上的老翘皮，并耕翻树盘，可消灭越冬雌成螨。

②生物防治 保护利用天敌是控制叶螨的有效途径之一。保护利用的有效途径是减少广谱性高毒农药的使用，选用选择性强的农药，尽量减少喷药次数。有条件的果园还可以引进释放扑食螨等天敌。

③化学防治 药剂防治关键时期在越冬雌成螨出蛰期和第一代卵和幼若螨期。药剂可选用 50%硫悬浮剂 200～400 倍液，20%螨死净悬浮剂 2 000～2 500 倍液，5%尼索郎乳油 2 000 倍液，15%哒螨灵乳油 2 000～2 500 倍液，25%三唑锡可湿性粉剂 1500 倍液。喷药要细致周到。

138. 怎样防治梨圆蚧?

梨圆蚧,属同翅目,盾蚧科。在我国北方各梨产区均有发生,主要为害梨、苹果、枣、核果类等多种果树。以雌成虫、若虫刺吸枝干、叶、果实汁液,轻则造成树势衰弱,重则造成枯死。

(1)形态特征　雌成虫体扁圆形,橙黄色。眼及足均退化,身体背面覆盖近圆形的介壳,直径约 1.7 毫米,介壳为灰白色或灰褐色,有同心轮纹,介壳中央有一脐状、黄色或褐色突起壳点。雄成虫能飞,有翅 1 对,足 3 对,口器退化,触角念珠状。身体橙黄色,雄虫介壳长椭圆形,比雌虫介壳小,壳点位于介壳一端。初产若虫体长 0.2 毫米左右,扁平椭圆形,橙黄色,有足 3 对,活动迅速,二龄以后形态上开始分化。雌若虫与雄成虫相似,介壳灰黑色,雄若虫脱皮,经过蛹期。雄蛹为圆锥形,淡黄色。

(2)生活史和习性　梨圆蚧在北方梨树上发生 2 代,均以 2 龄若虫在枝条上越冬,翌年春天树液流动后开始为害,并蜕皮为 3 龄,雌雄分化,梨圆介壳虫可以孤雌生殖,但大部分是雌雄交尾后胎生。初龄若虫即在嫩枝、果实或叶片上为害。5 月上中旬雄成虫羽化,6 月上中旬至 7 月上旬越冬代雌成虫产仔。当年的第一代雌成虫于 7 月下旬至 9 月上旬产仔,第二代于 9 月至 11 月产仔。初产若虫一般群集在 2～5 年生枝条阳面,将口器插入寄主组织后不再移动,然后分泌蜡质,形成白色介壳。

(3)防治方法　① 调运苗木,接穗要加强检疫,防止传播蔓延。② 初发生梨园多是点片发生,彻底剪除有虫枝条或人工刷抹有虫枝,铲除虫源。③ 药剂防治可以采用在萌芽前喷布 5 度石硫合剂或 200 倍洗衣粉、50 倍 95%蚧螨灵。越冬代和第一代成虫产仔期和一龄若虫扩散期是喷药防治的关键时期,可用 20%杀灭菊酯 3 000 倍液,40%速扑杀乳油 1 000～1 500 倍或 25%优乐得可湿性粉剂 1 500～2 000 倍液。

139. 如何防治茶翅蝽？

又名臭椿象，属半翅目，蝽科。东北、华北、华东和西北地区均有分布，以成虫和若虫为害梨、苹果、桃、杏、李等果树及部分林木和农作物，近年来为害日趋严重。叶和梢受害后症状不明显，果实受害后木栓化，变硬，发育停止而下陷，果肉微苦，严重时形成疙瘩梨或畸形果，失去经济价值。

(1)形态特征 成虫体长15毫米左右，宽约8毫米，体扁平茶褐色，前胸背板，小盾片和前翅革质部有黑色刻点，前胸背板前缘横列4个黄褐色小点，小盾片基部横列5个小黄点，两侧斑点明显。卵短圆筒形，直径0.7毫米左右，周缘环生短小刺毛，初产时乳白色，近孵化时变黑褐色。若虫分5龄，初孵若虫近圆形，体为白色，后变为黑褐色，腹部淡橙黄色，各腹节两侧节间有一长方形黑斑，共8对，老熟若虫与成虫相似，无翅。

(2)生活史和习性 此虫在北方1年发生1代，以成虫在果园附近建筑物上的缝隙、树洞、土缝、石缝等处越冬，北方果区一般5月上旬开始出蛰活动，6月份始产卵于叶背，卵多集中成块。6月中、下旬孵化为若虫，8月中旬为成虫盛期，8月下旬开始寻找越冬场所，10月上旬达入蛰高峰。成虫或若虫受到惊扰或触动即分泌臭液，并逃逸。

(3)防治方法 ①人工防治。在春季越冬成虫出蛰时和9、10月份成虫越冬时，在房屋的门窗缝、屋檐下、向阳背风处收集成虫；成虫产卵期，收集卵块和初孵若虫，集中销毁。② 实行有袋栽培，自幼果期套袋，防止其为害。③ 在越冬成虫出蛰期和低龄若虫期喷药防治。药剂可选用：50%杀螟松乳剂1 000倍液，48%毒死蜱乳剂1 500倍液或20%氰戊菊酯乳油2 000倍液，5%高氯·吡乳油1 000～1 500倍液，连喷2～3次，均能取得较好的防治效果。

140. 如何防治二斑叶螨？

二斑叶螨又名二点叶螨、白蜘蛛。属蜱螨目，叶螨科。可为害梨、樱桃、桃、杏、苹果、草莓等多种果树，还为害多种蔬菜和花卉。以成、若螨刺吸叶片受害叶表面出现失绿斑点，逐渐扩大呈灰白色或枯黄色细斑。螨口密度大时，受害叶片上结满丝网，叶片枯干脱落。

(1)形态特征　雌成螨背面观呈卵圆形。体长 0.53 毫米左右。夏秋活动时期，体色通常呈绿色或黄绿色，深秋时橙红色个体逐渐增多，为越冬滞育雌螨。体躯两侧各有黑斑 1 个。雄成螨背面观略呈菱形，体长 0.37 毫米左右，比雌螨小。体色呈淡黄色或黄绿色。卵圆形，初产乳白色，后变淡黄，孵化前透过卵壳，可见 2 个红色眼点。幼螨体半球形，淡黄或黄绿色，足 3 对。若螨体椭圆形，足 4 对，夏型体黄绿色，背面两侧有暗色斑，越冬型体背两侧暗斑逐渐消失，体呈橙黄或橘红色。

(2)生活史和习性　二斑叶螨 1 年发生 10 余代。以受精的雌成螨在根颈、枝干翘皮下、杂草根部、落叶下越冬。翌年 3 月份出蛰。出蛰雌成螨先集中在荠菜、苦菜等杂草上取食，4 月份以后陆续上树为害。第一代卵的孵化盛期在 4 月中下旬。除第一代发生整齐外，以后则世代重叠，防治困难。9～10 月份陆续下树越冬。二斑叶螨喜高温干旱，7～8 月份降雨情况对其发生发展影响较大。

(3)防治方法　①及时清除果园杂草，深埋或带出果园集中处理，可消灭草上的害螨。②在果园种植紫花苜蓿或三叶草，能够蓄积大量害螨的天敌，可有效控制害螨发生。③在害螨发生期，可选择以下农药喷药：1.8%阿维菌素乳油 3 000～4 000 倍液，5%霸螨灵乳油 2 500 倍液，10%浏阳霉素乳油 1 000 倍液，25%三唑锡可湿性粉剂 1 500 倍液。喷药要均匀周到。

141. 如何防治康氏粉蚧?

(1)发生规律 康氏粉蚧又名梨粉蚧、桑粉蚧,属同翅目粉蚧科,是主要入袋害虫之一。

梨树上的康氏粉蚧在山东烟台1年发生3代,以卵及少数若虫、成虫在受害树树干、枝条、粗皮裂缝、剪锯口或土块、石缝中越冬。翌春果树发芽时,越冬卵孵化成若虫,食害寄主植物的幼嫩部分。第一代若虫发生盛期在5月中下旬,第二代若虫在7月中下旬,第三代若虫发生在8月下旬。9月产生越冬卵,早期产的卵也有的孵化成若虫、成虫越冬。成虫雌雄交尾后,雌虫爬到枝干、粗皮裂缝或袋内果实的萼洼、梗洼处产卵。产卵时,雌成虫分泌大量棉絮状蜡质卵囊,卵产于囊内,雌成虫一般可产卵200～400粒。

(2)为害特征 康氏粉蚧以刺吸式口器吸食梨树枝干、嫩梢、叶片、果实的汁液。嫩枝受害后,树皮常肿胀纵裂而枯死;前期果实受害后呈畸形,后期受害,果袋内呈油渍状湿润。萼洼、梗洼处受害最重。虫体呈粉红色,着白色蜡粉,聚成群落,多分布于萼洼、梗洼及果面。在降雨多、湿度大、温度高时,分泌物出现灰黑色霉斑,严重影响果实的商品价值。康氏粉蚧的为害主要表现在果实上,一般套袋果可达3%左右,而在不套袋果上,则很少发现。

(3)*防治方法*

①*人工防治* 冬、春季结合清园,细致刮皮或用硬毛刷刷除越冬卵,集中烧毁;或在有害虫的树干上,于9月份绑缚草把,翌年3月份将草把解下烧毁。如需重复使用的果袋,一定要用硫黄密闭熏蒸24小时,也可用杀虫剂配成药液,浸泡纸袋,杀死袋内害虫。另外,可在11月上旬,用10%吡虫啉1 500倍液在根茎处灌根,杀死下树后在树盘内越冬的若、成虫。

②*化学防治* 要求喷药均匀,连树干、根茎一起“喷淋式”喷布。喷药要抓住三个关键时期:一是在3月上旬,先喷80倍的机

油乳剂＋35％硫丹600倍液，3月下旬至4月上旬喷布3～5波美度的石硫合剂。在梨树上这两遍药最重要，可兼杀多种害虫的越冬虫卵，减少病虫的越冬基数。二是在5月下旬至6月上旬，第一代若虫盛发期以及7月下旬至8月上旬第二代若虫盛发期，细致均匀地喷布杀虫剂。可选用25％扑虱灵粉剂2 000倍液、50％敌敌畏乳油800～1 000倍液、20％害扑威乳油300～500倍液液、20％氰戊菊酯乳油2 000倍液、25％阿可泰水分散颗粒剂5 000倍液、48％毒死蜱乳油1 200倍液、52.25％农地乐乳油1 500倍液、2.5％溴氰菊酯乳油1 500倍液，效果都很好。三是在果实采收后的10月下旬，在树盘距干50厘米半径内喷52.25％农地乐乳油1 000倍液。

142. 如何防治绿盲蝽？

绿盲蝽属半翅目，盲蝽科，又名牧草盲蝽。绿盲蝽寄主植物种类非常广泛，可为害梨、葡萄、苹果、桃、石榴、小麦、玉米、大豆、白菜、枣树、棉花和苜蓿等。绿盲蝽以成虫、若虫的刺吸式口器为害，幼芽、嫩叶、花蕾及幼果等是其主要为害部位。幼叶受害后，先出现红褐色或散生的黑色斑点，斑点随叶片生长变成不规则孔洞，俗称“破叶疯”；花蕾受害后即停止发育而枯死；幼果受害后，先出现黑褐色水渍状斑点，然后造成果面木栓化，甚至僵化脱落，严重影响果的产量和质量。

(1) 形态特征　绿盲蝽成虫体长约5毫米，体卵圆形，黄绿色至浅绿色，触角短于体长；前胸背板深绿色，有许多小黑点；前翅基部为革质、绿色，端部为膜质、灰色。卵长约1毫米，长形稍弯曲似香蕉状，黄绿色。若虫体绿色，有黑色细毛，翅芽端部为黑色。

(2) 生活史和习性　绿盲蝽1年发生4～5代，主要以卵在树皮缝内、顶芽鳞片间、断枝和剪口处以及苜蓿、蒿类等杂草或浅层土壤中越冬。翌年3～4月份，月均温达10 ℃以上、相对湿度高于

60%时，卵开始孵化，第一代绿盲蝽的卵孵化期较为整齐，梨树发芽后即开始上树为害，孵化的若虫集中为害幼叶。绿盲蝽从早期叶芽破绽开始为害到6月中旬，其中展叶期和幼果期为害最重。成虫寿命30～40天，飞行力极强，白天潜伏，稍受惊动，迅速爬迁，不易发现。清晨和夜晚爬到叶芽及幼果上刺吸为害。成虫羽化后6～7天开始产卵。以春、秋两季受害重。10月上旬开始产卵越冬。

(3) 防治方法 冬季或早春刮除树上的老皮、翘皮，铲除果园及附近的杂草和枯枝落叶，集中烧毁或深埋，可减少越冬虫卵；萌芽前喷3～5波美度石硫合剂，可杀死部分越冬虫卵。选择最佳时间、合适药剂进行化学防治，应注意在各代若虫期集中统一用药，此时用药，若虫抗药性弱，防治效果较好。药剂可选择2.5%溴氰菊酯乳油2 000倍液或48%毒死蜱乳油1 000～1 500倍液、52.25%农地乐乳油1500～2000倍液等交替使用，喷药应选择无风天气、在早晨或傍晚进行，要对树干、树冠、地上杂草、行间作物全面喷药，喷雾时药液量要足，做到里外打透，上下不漏，同时注意群防群治，集中时间统一喷药，以确保防治效果。

143. 怎样防治梨茎蜂？

又名折梢虫、截芽虫等，属膜翅目，茎蜂科。在我国各梨产区均有此虫为害。成虫产卵于新梢嫩皮下刚形成的木质部，从产卵点上约3～10毫米处锯掉春梢，幼虫于新梢内向下取食，致使受害部枯死，形成黑褐色的干橛，是为害梨树春梢的重要害虫，影响幼树整形和树冠扩大。

(1)形态特征 成虫体长约10毫米，全身黑色具光泽，翅透明，足黄色，触角黑色丝状，雌虫具有锯状产卵器。幼虫体长10～11毫米，乳白色或黄白色，头部淡褐色，体稍扁平，胸部下弯，尾端上翘。卵白色半透明，长椭圆形，略弯曲。蛹细长，初乳白色，后逐渐加深。

(2)生活史和习性　梨茎蜂1年发生1代，以老熟幼虫及蛹在被害枝条内越冬，3月上中旬化蛹，梨树开花时羽化，花谢时成虫开始产卵，花后新梢大量抽出时进入产卵盛期，幼虫孵化后向下蛀食幼嫩木质部而留皮层，边吃边拉粪便将空梢填满，到5月下旬蛀到2年生枝部分，6月份全部蛀入2年生枝，蛀成略弯曲的长椭圆形虫室，8月上旬老熟停止取食，做茧开始休眠越冬。成虫羽化后于枝内停留3～6天才于受害枝近基部咬一圆形羽化孔，在天气晴朗的中午从羽化孔飞出。成虫白天活跃，飞翔于寄主枝梢间；早晚及夜间停息于梨叶背面，阴雨天活动甚差。梨茎蜂成虫有假死性，但无趋光性和趋化性。

(3)防治方法　结合冬季修剪剪除受害虫梢。成虫产卵期从受害梢断口下1厘米处剪除有卵枝段，可基本消灭。生长季节发现枝梢枯橛时及时剪掉、并集中烧毁，杀灭幼虫。发病重的梨园，在成虫发生期，利用其假死性及早晚在叶背静伏的特性，振树捕杀。

喷药防治抓住花后成虫发生高峰期，在新梢长至5～6厘米时可喷布20%杀灭菊酯3 000倍液或80%敌敌畏1 000～1 500倍液、5%高氯·吡乳油1 000～1 500倍液等。

144. 如何防治梨黄粉蚜？

(1)为害特征　梨黄粉蚜又称黄粉虫，俗名“膏药顶”、“痛药顶”。属同翅目，根瘤蚜科梨矮蚜属。该虫喜阴暗，袋口扎得不严、果袋无防虫效果易从袋口、通气放水口钻入袋内为害。入袋初期，袋口扎丝及梨肩附近可见大量黄粉状物质(实为各龄蚜虫及卵)，受害初期果皮表面出现黄色稍凹陷的小斑，后期受害处变黑，向四周扩大呈轮纹状，组织坏死，易感染病菌而腐烂，促进果柄形成离层导致落果。萼洼、梗洼处受害尤重。

(2)生活史和习性 该虫为多型性蚜虫，有干母、普通型、性母和有性型4种。干母、普通型、性母均为雌性，行孤雌卵生。梨黄粉蚜1年发生8～10代，以卵在果台残橛、树皮裂缝、剪锯口周围或枝干上的残附物内越冬。梨果套袋后，果台残橛处越冬的卵量明显地高于不套袋果园。3月中旬卵开始孵化为干母若虫，梨树开花期为卵孵化高峰期，4月中旬羽化的成虫开始产卵。

张青瑞等在河北辛集调查发现，5月中旬果台残橛处的成虫陆续出蛰转枝为害，5月下旬树皮缝的成虫出蛰转枝为害。6月上旬陆续入袋为害梨果。发生严重的梨园6月上旬入袋率达20%，6月中旬入袋率达58.8%，果台残橛有虫的高达82%，6月份有一个明显的入袋小高峰，7月下旬至8月中旬又有一个入袋小高峰。入袋后的梨黄粉蚜首先为害梨果柄及果肩，进入7月受害梨果开始脱落，8月中旬落袋果占30%～40%，采收期严重的可占60%～80%。而不套袋梨萼洼处多受害，为害高峰期在7月下旬至8月中旬，为害率一般在3%以下。即梨果套袋后由于纸袋的遮阴条件，诱发梨黄粉蚜大发生，且整个生长季节均有梨黄粉蚜入袋为害。受害严重的果实采收后在运输、贮藏、销售过程中也可发病，造成大量烂果。

(3)防治方法 梨黄粉蚜防治的关键时期是越冬卵孵化后的若虫爬行期，应控制和降低黄粉蚜虫口基数，杜绝黄粉虫进入纸袋内为害梨果。

①加强黄粉蚜入袋前的防治，降低虫口密度。采收后，全园细致喷1次50%硫悬浮剂300倍液或0.5～0.8波美度石硫合剂，消灭即将越冬的黄粉蚜。越冬期间，进行"三光两剪一刷"的人工防治。"三光"，即将落叶及时扫光，树干上的粗皮刮光，贮果场附近的杂草烧光。"两剪"，即剪除秋梢，剪除干枯枝。"一刷"，即秋冬树干刷白。萌芽前的人工防治可大量消灭越冬虫源。3月中旬喷5波美度石硫合剂，花序分离期喷0.5波美度石硫合剂或10%蚜虱净

2 000倍液，谢花后和套袋前各喷1次10%吡虫啉2 000倍液。

②套袋后要加强检查，发现袋内有梨黄粉蚜时，及时喷洒10%增效烟碱1 000倍液，将果袋喷湿，利用药物的熏蒸作用杀死袋内蚜虫。梨黄粉蚜为害率达20%以上的园要解袋喷药。可选喷以下药剂：2.5%敌杀死乳油3 000～4 000倍液，20%杀灭菊酯乳油3 000～4 000倍液，10%吡虫啉乳油3 000倍液，15%抗蚜威1 500倍液。

③对上一年梨黄粉蚜为害较重的梨园，可采用主干或主枝涂药环的方法。在5月底至6月初梨黄粉蚜尚未转果为害前，在梨树主干或主枝上刮一宽为5厘米的环状带，只刮去老皮，以露青不露白为宜(幼树不宜刮)。之后用排笔将40%氧化乐果5倍液涂于环状带内。最后内用报纸、外用薄膜或透明胶带包住涂药处，避免雨水冲刷和阳光照射。涂药后15天将包扎物解开，药效一般可持续至采果期。

④改进套袋技术。套袋前，将袋口浸药可有效地降低前期入袋为害率。药剂可选用6%林丹杀虫粉60倍液，浸湿袋口的1/3。套袋时选用捆扎带扎袋口，材料为双面塑料膜胶带，胶带长6～7厘米，将袋口扎3圈以上，从袋口扎到袋口以上的梨柄处，扎紧扎严可有效阻止黄粉蚜入袋。

145. 如何防治梨网蝽？

梨网蝽，又名梨军配虫，属半翅目，网蝽科。在我国梨区分布较广，以华北和东北梨区发生较普遍，管理粗放的梨园和山地梨园较重。主要为害梨、苹果、海棠、山楂、桃和李等多种果树，以成虫、若虫群集叶背面为害，吸食叶片汁液，受害叶形成苍白斑点，叶片背面有褐色斑点状虫粪及分泌物，呈锈黄色，严重时早期脱落。

(1)形态特征 成虫体长约3.5毫米，扁平暗褐色，前胸背板向两侧扩展成两片环状突起，体背面有网状花纹，前翅翅脉网纹状，两翅合拢时，翅面黑褐色斑纹常呈“x”形。腹部金黄色，足黄褐色。卵淡黄色椭圆形，半透明，一端弯曲，长约0.6毫米。初孵若虫体白色，复眼红色，经几小时后变为暗褐色，翅芽明显，外形似成虫。

(2)生活史和习性 此虫在华北地区1年发生3～4代，以成虫在落叶、杂草、树皮缝和树下土块缝隙内越冬，梨树展叶时开始活动，产卵于叶背面叶脉两侧的组织内，若虫孵化后群集在叶背面主脉两侧为害，由于成虫出蛰很不整齐，造成世代重叠，一年中7～8月份为害最烈，到10月中下旬，成虫开始寻找适宜场所越冬。

(3)防治方法

①诱杀成虫 9月份成虫下树越冬前，在树干上绑草把，诱集成虫越冬，然后解下草把集中烧毁。

②清园翻耕 春季越冬成虫出蛰前，细致刮除老翘皮。清除果园杂草落叶，深翻树盘，可以消灭越冬成虫。

③喷药防治 在越冬成虫出蛰高峰及第一代若虫孵化高峰期及时喷药防治。药剂可选用80%敌敌畏乳油1000倍液，48%毒死蜱乳油1500～2000倍液，20%氰戊菊酯乳油2000倍液。

146. 如何防治麻皮蝽？

麻皮蝽又名黄斑蝽、黄霜蝽等，属半翅目，蝽科。以成虫和若虫为害梨、苹果、桃、杏、李等果树及部分林木和农作物，近年来为害日趋严重。叶和梢受害后症状不明显，果实受害处木栓化，变硬，发育停止而下陷，果肉微苦，严重时形成疙瘩梨或畸形果，失去经济价值。

(1)形态特征 成虫体长为18～24毫米，体黑褐密布黑色刻点及细碎不规则黄斑。头部狭长，头部前端至小盾片有1条黄色细中纵线。前胸背板前缘及前侧缘具黄色窄边。胸部腹板黄白色，密布黑色刻点。卵略呈鼓形，顶端有盖，周缘齿，灰白色。若虫分 5 龄，初孵若虫近圆形，体为白色，后变为红褐或黑褐色，老熟幼虫与成虫相似，由头端至小盾片有 1 条黄白色或黄色细纵线，前胸背板中部具 4 个横排淡红斑点，小盾片两侧角各具淡红色稍大斑点 1 个，与前背板内侧的 2 个排成梯形，腹部背面中央具纵列暗色大斑 3 个，足黑色。

(2) 生活史和习性　此虫在北方 1 年发生 1 代，以成虫在果园附近建筑物上的缝隙、树洞、土缝、石缝等处越冬。4 月开始出蛰，6 月上旬开始产卵，至 8 月中旬结束，卵多产在叶背。若虫孵化后，先静伏于卵壳上面或其周围，3～5 天后分散为害。7 月中旬出现成虫，为害到 9 月下旬至 10 月上旬，才陆续飞向越冬场所。成虫飞翔力强，喜于树体上部栖息为害，交配多在上午，具假死性，受惊扰时均分泌臭液。有弱趋光性和群集性，初龄若虫常群集叶背，二、三龄才分散活动，卵多成块产于叶背，每块约 12 粒。

(3) 防治方法　冬、春越冬成虫出蛰活动前，清理园内枯枝落叶、杂草、刮粗皮、堵树洞，结合平田整地，集中处理，消灭部分越冬成虫。在成、若虫为害期，利用假死性，在早晚人工捕杀，尤其在成虫产卵前捕杀，效果更好，同时还可防治具假死性的其他害虫如象甲类、叶甲类、金龟子类等。受害严重的果园，在产卵或为害前可采用果实套袋防治法。结合其他栽培管理，摘除卵块和初孵群集若虫。越冬成虫出蛰和若虫孵化盛期或卵高峰期喷药，效果较好。选用的药剂有 2.5%敌杀死乳油或功夫乳油 2 500 倍液，或 20%灭扫利乳油或来福灵乳油 2 500 倍液，5%氯氰菊酯乳油或 2.5%联苯菊酯乳油 2 000 倍液，50%杀螟松乳油 1 000～1 500 倍液，或 48%毒死蜱乳油 1 000～1 500 倍液。

147. 如何防治梨星毛虫？

梨星毛虫，又名梨狗子、饺子虫等，属鳞翅目斑蛾科，是梨树的主要食叶性害虫，以幼虫食害花芽和叶片。幼虫将叶片边缘向内包起，呈饺子状，潜藏其中为害。除为害梨树外，还为害苹果、海棠、桃、杏、樱桃和沙果等果树。我国梨产区普遍发生，管理粗放的梨园发生严重。虫口密度大时，在梨树发芽时，常将梨芽吃光，致使梨树不能展叶，造成当年第二次开花。

(1)形态特征 成虫体长约 10 毫米，翅展 20～34 毫米，体灰黑色，翅半透明，翅脉明显清晰，翅面分布黑色绒毛。卵扁平，椭圆形，长约 0.7 毫米，初产时乳白后变为紫褐色，数十粒排成块状。幼虫体长约 19 毫米，黄白色，体中部肥大，背面各节背面有黑斑和毛瘤。蛹体长约 12 毫米，初黄白渐变黑褐色，外被两层白色丝质薄茧。

(2)生活史和习性 梨星毛虫在渤海湾和华北地区 1 年发生 1 代，河南、陕西每年发生 1～2 代，均以二至三龄幼虫在树皮裂缝等处，做白色薄茧越冬。翌春梨花芽萌动时出蛰为害，出蛰不整齐，于 4 月中旬进入盛期，为害花蕾，5 月上中旬是为害叶盛期，大龄幼虫缀叶成饺子状，居中食取叶肉，5 月中下旬于包叶内结茧化蛹，6 月上旬羽化，中下旬进入盛期。成虫多产卵于叶背，6 月下旬开始孵化，7 月上旬进入盛期，而后进入越冬。

(3)防治方法 越冬期刮除老树皮，尤其根茎处的粗皮，集中处理消灭越冬幼虫，减少虫源。幼虫越冬前树干绑草把诱集，摘除包叶中的幼虫或蛹。

花芽开绽吐蕾期，可选用 80%敌敌畏乳油 1 000 倍液，2.5%速灭杀丁 1 500～2 000 倍液，20%杀灭菊酯 1 500～2 000 倍液，25%灭幼脲 3 号 2 000 倍液等。开花前连喷 2 次，一般可控制其为害。成虫盛期，可喷 1 次速灭杀丁或功夫菊酯或溴氰菊酯 2 000 倍液，有很好效果。

148. 如何防治舟形毛虫？

舟形毛虫，属鳞翅目，舟蛾科。在我国北方各产区均有发生，以幼虫为害。初孵幼虫常群集为害，啃食叶肉，仅留下表皮和叶脉呈网状，稍大后把叶食成缺刻或仅留叶柄，严重时把叶片吃光。

(1)形态特征 成虫体长22～25毫米，翅展约50毫米，淡黄白色，翅近于白色，复眼黑色球形，前翅基部有1个，沿外缘有6个褐色椭圆形斑纹，横列呈带状，翅中部有淡黄色波浪状线4条。低龄幼虫初为黄褐色，后为红褐色，常群集叶片为害，老熟幼虫体长约55毫米，被灰黄长毛，紫褐色，静止时头尾翘起。蛹体长20～23毫米，暗红色至黑紫色，腹部末端有刺。卵球形，直径约1毫米，初淡绿色，后变为灰色，卵排列成块状。

(2)生活史和习性 此虫每年发生1代，以蛹在树冠下的土中越冬，翌年7～8月份羽化，盛期在7月中下旬。成虫白天不活动，夜间交尾产卵。卵多产于树体东北面的中下部枝条的叶背，卵期约7～13天，初孵幼虫多群集叶背，由叶缘向内取食，遇惊扰或震动时，成群吐丝下垂。三龄后逐渐分散取食或转移为害。老熟幼虫白天不取食，常头尾翘起，似舟状静止，故称为舟形毛虫。幼虫共5龄，四龄前食量小，四龄后剧增，常将叶片食光。幼虫老熟后沿树干爬下入土化蛹越冬。

(3)防治方法 结合果园翻耕或刨树盘，把蛹翻到土表，或人工挖蛹；在初孵幼虫分散前，及时剪除有幼虫群居的枝条；利用该虫吐丝下坠习性，人工振落杀死幼虫；在7月中下旬卵发生期，释放卵寄生蜂灭卵。

在幼虫发生期进行药剂防治，可选用药剂种类及浓度：20％速灭杀丁1500～2000倍液，2.5％溴氰菊酯1500～2000倍液，B.t乳剂800倍液，25％灭幼脲3号2000倍液，白僵菌粉剂800～1000倍液，20％灭多威1000～1500倍液，80％敌敌畏800～1000倍液、48％乐斯本乳油1000～1500倍液。

149. 套袋梨园病虫害防治有什么特点?

梨园套袋后果实保护在袋体内生长避免了农药、病虫直接接触果实,袋内的阴暗环境也给喜阴害虫提供了场所。同时,套袋果易发生药害,因此套袋梨园病虫种类、用药种类及施药制度等都应有别于无袋栽培的梨园。

套袋梨园应侧重于对枝干、叶部病虫害及入袋害虫的防治。套袋能很好地防治食心虫类害虫,减轻梨黑斑病、黑星病和轮纹病的发病程度,但袋内特殊的阴暗环境给喜阴的黄粉虫、康氏粉蚧等入袋害虫提供了良好的生存和繁殖场所,套袋不但不能减轻危害,还会很快加重其发病程度,特别是在连续使用不具备防虫、杀菌果袋的情况下。除黄粉虫、康氏粉蚧相继为害套袋果实外,梨木虱、椿象和梨叶锈螨等也是为害套袋梨果的主要害虫。

套袋梨园选择高效、低毒、低残留、低药害的农药种类,同时避免种类单一,以防病虫产生抗药性。由于有袋的保护,套袋后应突出内吸性药剂的应用。梨果套袋后抗药性降低,应注意某些梨树敏感药剂的应用。梨对铜离子敏感,套袋前严禁使用波尔多液,一般在果实发育的中后期使用。实践表明,连续使用波尔多液叶片浓绿,但套袋果在成熟过程中褪绿较慢,成熟时呈黄绿色或绿色。使用多菌灵后,果实成熟时呈鲜黄色,果点小、果皮光滑,但叶片也较黄。因此,两种药剂可结合使用。某些硫制剂如石硫合剂、硫悬浮剂的使用也应慎重。生长季禁用石硫合剂,用硫悬浮剂防治螨类、白粉病。克螨特、马拉硫磷、倍硫磷、环硫磷等的使用也应注意,使用时需降低浓度。另外,代森锰锌、波尔多液等对温度敏感,使用时应降低浓度或避开高温、高湿、闷热、无风天气。

150. 休眠期防治哪些病虫害?采取何措施?

梨树休眠期(12 月至 3 月初)。

(1)防治对象　腐烂病、轮纹病、黑星病、干腐病、黑斑病；梨木虱、黄粉虫、梨二叉蚜、红蜘蛛等。

(2)防治措施　彻底清除落叶、落果、僵果、病枝、枯死枝；刮除枝干粗皮、翘皮病虫斑，将各种病虫残体清到果园外烧毁或深埋；清园后地面翻耕，破坏土中病虫越冬场所。

151. 芽萌动至花期防治哪些病虫害？采取何措施？

(1)芽萌动至开花期(3月上旬至4月初)

①防治对象　腐烂病、轮纹病、干腐病、黑星病、黑斑病；梨木虱、黄粉虫、梨二叉芽、红蜘蛛。

②防治措施　继续刮除枝干粗皮、翘皮。刮治腐烂病并涂药保护，用菌毒清、843康复剂等。3月上中旬喷布高效氯氰菊酯2 000倍液或士达1 500倍液＋增效剂，杀灭越冬代梨木虱成虫。发芽前喷1次3～5波美度石硫合剂或农抗120 100～200倍液，杀灭在树体上越冬的病虫。发芽后开花前，喷施烯唑醇2 000倍液或腈菌唑3 000倍液或50％多菌灵600倍液加毒死蜱2 000倍液，或3％啶虫咪3 000倍液，或吡虫啉3 000倍液，杀灭在芽内越冬的黑星病菌及已开始活动的梨二叉蚜等。

③注意事项　开花前防治是全年的关键，既安全又经济。发芽后开花前用药，必须选用安全农药，以免发生药害。3月上中旬，梨木虱越冬成虫在气候温暖时出蛰、交尾、产卵，要根据天气变化，在晴朗无风天喷药，才会有较好的防治效果。此期是梨木虱防治的第一个关键时期。

(2)开花期(4月上中旬)

①防治对象　金龟子。

②防治措施　利用成虫的假死性和趋化性，诱杀、捕杀成虫。在成虫出土羽化前，可用25％辛硫磷微胶囊100倍液处理土壤。成虫发生期树上喷药防治。药剂选用：4.5％高效氯氰菊酯乳油

2000 倍液，90%晶体敌百虫 800 倍液，5%士达乳油 1 000～1 500 倍液。喷药时要慎重，以免发生药害，一般在初花期。

152. 落花后至麦收前防治哪些病虫害？

4 月中下旬至 6 月上旬。

(1)防治对象 黑星病、黑斑病、轮纹病、炭疽病、黄叶病等；梨木虱、黄粉虫、食心虫、红蜘蛛、梨二叉蚜、椿象等。

(2)防治措施 落花后开始喷 50%多菌灵 600 倍液或 80%代森锰锌 800 倍液或特谱唑 2 000 倍液或 10%苯醚甲环唑8 000～10 000 倍液或 40%氟硅唑 5 000 倍液，10～15 天施 1 次，防治黑星病、黑斑病、兼防轮纹病和炭疽病等。防治第一、第二代梨木虱若虫，可选用高效氯氰菊酯 2 000 倍液、10%吡虫啉3 000倍液和 1.8%阿维菌素4 000倍液，可兼治蚜虫及红蜘蛛等。及时喷药防治黄粉虫，有效药剂有硕丹 2 000 倍液、3%啶虫咪 3 000 倍液、吡虫啉 3 000 倍液等。4 月下旬至 5 月下旬，人工摘除黑星病梢，7～8 天巡回检查摘除 1 次，深埋或带到园外。防治椿象，以 50%杀螟松乳剂 1 000 倍液，48%毒死蜱乳剂 1 500 倍液或 20%氰戊菊酯乳油2 000倍液，5%士达乳油 1 000～1 500 倍液效果好。

(2)注意事项 麦收前是防治各类病虫的关键，必须按时、周到喷药，此时防治黄粉虫应注意细喷枝干，防止黄粉虫上果为害。梨果套袋前，必须喷施 1 次杀菌剂，以防套袋果的黑点病。防治梨木虱及黄粉虫时，若在药液中加入农药增效剂可显著提高防效。

153. 果实迅速膨大至采收期有哪些病虫害？如何防治？

(1)果实迅速膨大期(6 月中旬至 8 月上旬)

①防治对象 黑星病、黑斑病、轮纹病、炭疽病、褐腐病、白粉病等；梨木虱、黄粉虫、红蜘蛛、椿象、食心虫及白蜘蛛等。

②防治措施 用 50%多菌灵 600 倍液、代森锰锌 800 倍液、

特谱唑 2 000 倍液、腈菌唑 3 000 倍液、福星 5 000 倍液、波尔多液等交替使用防治各类叶、果病害。间隔期为 10～15 天。梨木虱仍需防治 1～2 次，有效药剂高效氯氰菊酯 2 000 倍液、阿维菌素 4 000倍液、士达 1 500 倍液、毒死蜱 1 500 倍液等，兼治食心虫、椿象和介壳虫等。若黄粉虫仍有发生，仍用上述有效药剂。椿象防治同前述。二斑叶螨发生重的，要及时喷阿维菌素 4000 倍液或三唑锡 1 500 倍液防治。

③注意事项　此期为雨季，最好选用耐雨水冲刷药剂，或在药剂中加入农药展着剂、增效剂等。喷药时可加入尿素 300 倍液及磷酸二氢钾 300 倍液，可增强树势，提高果品质量。雨季要慎用波尔多液及其他铜制剂，以免发生药害。

(2)近成熟期至采收期(8 月中旬至 9 月中旬)

①主要防治对象　黑星病、黑斑病、黄粉虫和梨木虱等。

②防治措施　梨黑星病喷布 6%氯苯嘧啶醇 1 000～1 500 倍液或 40%氟硅唑 5 000 倍液、代森锰锌 800 倍液、腈菌唑 3 000 倍液或特谱唑 2 000 倍液。杀虫剂可喷布 10%吡虫啉 3 000 倍液或敌敌畏 1 000 倍或阿维菌素 3 000～4 000 倍液。

③注意事项　此期为黑星病防治关键期，果实受害严重。喷药时加入尿素 300 倍液和磷酸二氢钾 300 倍液，可增强树势，提高果品质量；不再使用波尔多液，以免污染果面。

第十一章　采收与包装

154. 如何确定适宜采收期？

梨果采收时期是否适宜，对产量、品质和耐贮性均有显著影响，同时也影响翌年的产量和果实品质。采收过早，果实发育不完全，果个小，风味差且不耐贮存，严重降低产量和品质。采收过晚，果肉衰老快，不耐贮藏。因此，适期采收是梨果生产中不可忽视的重要环节。

一般情况下，适宜的采收期要根据果实的成熟度来确定。判断成熟度的依据是果皮颜色和果肉风味及种子颜色等。梨果充分发育，种子变褐，果肉具有芳香，果柄与果台容易分离。绿色品种的果皮呈现绿白或绿黄色，黄色或褐色品种果皮呈现黄色或黄褐色，红色品种的红色发育完全，呈现本品种应有的颜色时，表明果实已经成熟，可以采收。

另外，确定采收期还要考虑采收后梨果的用途。供应上市的鲜食果，可在果实接近充分成熟时采收；需要长途运输的，可适当提前采收；用于加工的要根据加工品对原材料的要求来确定采收期。

由于品种的成熟期不一致，因此在生产中必须根据果实的成熟度分批采收。从适宜采收初期开始，每隔 7～10 天采收一次，可采收 2～3 次，可提高梨果的产量与质量。一般生产中早熟品种的采收期在 8 月上中旬，中晚熟品种为 9 月上旬，晚熟品种为 9 月下旬。

155. 怎样采收果实？

采收前要先估算产量，然后根据产量的多少和采收任务的大小，合理组织，制定好工作计划，备好有关材料和简易的临时贮藏场所，而在北方寒冷产区或在寒冷季节采收时，要备好防护材料。

采收时，果筐或果蓝等装果器具内，应垫有蒲包、旧麻袋片或泡沫塑料等，采果人员剪短指甲，采果时由外到内、由下往上采摘。摘果时用手握住果实底部，拇指和食指按在果柄上，向上推，果柄即分离。切忌抓住梨果用力拉，以免果柄受损。摘双果时，用手先托住两个果，另一手再分次采下。轻拿轻放，防止果实碰压伤，尽量避免损坏枝叶及花芽，同时注意保证果柄完整。

果实宜在晴天上午采收，此时果实温度最低，不宜在下雨、有雾和露水未干时进行，因为果实表面附有水滴易引起腐烂。采后可在通风处晾干，预冷后分级包装。

156. 如何包装果实？

包装不仅是实现果实商品标准化、提高市场竞争力的重要措施，而且对果实的安全运输有重要作用。梨果采收后运到包装场，首先挑除小果、病虫果、畸形果、机械伤果等，根据分级标准按果实大小分级，然后包装。良好的包装可以减少运输、贮藏和销售过程中相互摩擦、挤压等造成的损失，还可减少水分蒸发、病害蔓延，保持果实的新鲜度，提高耐贮性。

生产中采用的包装容器类型和大小应根据采收目的和销售对象来确定。如纸箱、木箱、钙塑瓦楞箱、条筐等。果实包装可减轻果实间的挤压，减少水分蒸发。经药剂处理的包装纸，还具有防腐保鲜的效果，纸要求质地柔软，薄且半透明；也可用泡沫塑料制成网袋水果，减轻碰压。装箱时，先检查梨果规格和纸箱、纸格、纸板规格是否吻合；包装好的梨放入纸格内，装满一层盖一张纸板，装满箱后封严，并注明品种、等级、产地和重量等标识。